适老化住宅设计

——尺寸指引——

HJSJ 华建环境设计研究所　编著

江苏凤凰科学技术出版社·南京

图书在版编目（CIP）数据

适老化住宅设计尺寸指引／ HJSJ 华建环境设计研究
所编著 . — 南京：江苏凤凰科学技术出版社，2023.10
　　ISBN 978-7-5713-3769-8

　　Ⅰ．①适… Ⅱ．① H… Ⅲ．①老年人住宅－建筑设计
－研究 Ⅳ．① TU241.93

中国国家版本馆 CIP 数据核字 (2023) 第 180497 号

适老化住宅设计尺寸指引

编　　　著	HJSJ 华建环境设计研究所
项 目 策 划	凤凰空间 ／ 翟永梅
责 任 编 辑	赵　研　刘屹立
特 约 编 辑	翟永梅

出 版 发 行	江苏凤凰科学技术出版社
出版社地址	南京市湖南路 1 号 A 楼，邮编：210009
出版社网址	http://www.pspress.cn
总 经 销	天津凤凰空间文化传媒有限公司
总经销网址	http://www.ifengspace.cn
印　　　刷	河北京平诚乾印刷有限公司

开　　　本	889 mm×1 194 mm　1 ／ 16
印　　　张	16
字　　　数	150 000
版　　　次	2023 年 10 月第 1 版
印　　　次	2023 年 10 月第 1 次印刷

标 准 书 号	ISBN　978-7-5713-3769-8
定　　　价	78.00 元

前言

为积极应对人口老龄化，按照党的十九大决策部署，中共中央、国务院印发了《国家积极应对人口老龄化中长期规划》。我们根据这一应对人口老龄化的战略性、综合性、指导性文件编写了本指引。

人的一生中超过三分之一的时间是在家中度过的，所以住宅是我们最重要的生活场所。

住宅空间是一个以人为本，供家庭成员进行休息休闲、招待亲友、洗衣打扫、烹饪膳食等活动的多元化空间。设计时首先要考虑的是空间中的各功能分区，其次是活动路线。住宅空间虽小，但支撑着家庭成员的所有活动，活动路线是以方便人的行走为目的的，所以合理的行走路线也是住宅空间设计时需考虑的要素。

随着我国人口老龄化趋势的加深，适老化住宅空间设计将是未来10～20年时间里建筑师、室内设计师最需考虑的。如何让老年人可以无障碍地到达住宅中的各功能区，灵活、安全、高效地使用住宅中的设施设备，从而提高所有家庭成员的居住舒适度，是需要提前规划的。

目前，我国很多住宅空间正在不断地进行合理改善。随着人口增长放缓，住房需求趋于饱和，今后20年，围绕住宅空间进行的大多数工作将是重建、改造，而不是新建。改造计划将以增加无障碍设计、适老化设计为基准，将其添加到现有的住宅空间中去。

在适老化设计的住房中，老年人可以独立完成自由进出、自住自理、烹饪膳食等一系列生活活动。改造后的住房还需增加兼顾康复护理、预防跌倒、长期照护等功能的综合设施，为老年人打造高质量、智能化、信息化的宜居空间，全方位提升老年人的生活质量，实现老有所养、老有所依、老有所居的目标。

本指引旨在帮助建筑师、室内建筑设计师及建造师、工程师在适老化住宅设计中增加该部分的专业知识，打造出与老年人共同居住的适老化住宅，推进居家养老住房建设的进程。

本书主编：李斐韦华、梁薇、伍于祺、廖炽伟

参编人员：宁录峰、周昆、孙明阳、苏韵涛、陈春花、卢伟、洪易娜、陈聪、麦锦仪

参编单位：

广东科学技术职业学院

广东农工商职业技术学院

广东机电职业技术学院

辽宁农业职业技术学院

中山职业技术学院

贵阳职业技术学院

源助教（沈阳）科技有限公司

云南御策装饰工程有限公司

广州宝用科技有限公司

华建环境设计（广州）有限公司

编著者

■ 目录

第三部分　轮椅老年人

第四部分　适老住宅智能化系统

第一部分

绪论

1 总则、术语及设计要点

1.1 总则

① 为提高老年人居住空间的舒适度，本书以让老年人可实现生活自理为基础，切实解决老年人在住宅中的活动、卫生、膳食、简单家务劳作等问题，保障老年人可以安全、无障碍地到达住宅中的各个功能区，可以便捷、安全地使用住宅中的家电设备，最终实现老年人自顾、自理，家人适用的适老化住宅设计为目标制定本指引。

② 本指引适用于商住房、自建房、旧改房、养老院住房、康养酒店住房（公寓）等适老化住房及有无障碍需求的住房设计及改造。

③ 适老化住宅设计除符合本指引外，还应符合下列国家现行相关标准的规定：

《民用建筑设计统一标准》GB 50352—2019；

《建筑设计防火规范》GB 50016—2014（2018 年版）；

《住宅设计规范》GB 50096—2011；

《民用建筑工程室内环境污染控制规范》GB 50325—2020；

《建筑装饰装修工程质量验收规范》GB 50210—2018；

《住宅建筑电气设计规范》JGJ 242—2011；

《住宅室内装饰装修设计规范》JGJ 367—2015。

1.2 术语

① 轮椅回转空间：为轮椅到达某个区域后需转向移动或回转预留的空间。

② 口袋形通道：俗称"断头路"，是指通道的末端没有出路，只能原路折返的通道。

③ 门镜：俗称"猫眼"，是安装在入户门上的一种透明小圆镜，屋内的人可通过它查看门外的来人。

④ 安全抓杆：使用者用于借力搀扶的抓杆。

⑤ 平开门：可向内或向外开启的门。

⑥ 推拉门：可左右推动开启的门。

⑦ 浴凳：淋浴时用来坐的凳子，常见的有移动式和固定式。固定式浴凳是固定在淋浴间墙体上，采用下翻折叠方式使用的凳子。

⑧ 挡水条：安装在淋浴间外边上或高低坎交界处，防止淋浴时水往外溢。

⑨ 钢化夹胶玻璃：将钢化后的玻璃进行进一步的安全处理，即把两片玻璃黏合在一起。此种玻璃破裂后碎片不会脱落，能起到保障安全的作用。

⑩ 落地窗：直接安装在地上，没有实体墙体的玻璃幕墙或窗户。

⑪ 门槛：又称为门下槛，是分隔两个空间的装饰物。

⑫ 纵深：纵向深度尺寸。

⑬ 执手锁：手部可抓紧向下按压开启的门锁。

⑭ 球形锁：形状为球形，手部可抓紧左右扭动开启的门锁。

⑮ 踢脚：也称踢脚板、踢脚线，还可指家具支撑脚，本书是指突出墙体的构造。

⑯ 阳角：建筑装饰名词，一般指墙体与墙体交接处凸出的夹角，或建筑柱子的夹角。

⑰ 大板开关：用于灯具照明，以及插座开启、关闭的按钮。

⑱ 汀步：步石的一种类型，指将散碎的叠石或装饰物设置在浅水或草坪上，便于人行走、跨步而过的通道或道路。

⑲ 穿鞋踏板：辅助穿鞋的台阶踏板，主要供肥胖人士及弯腰不便的人士使用。

1.3　适老化住宅设计、改造要点

（1）老年人跌倒的原因

据华建环境设计研究所数据统计，每年有20%～30%的65岁以上老年人会出现严重跌倒的情况。此外，跌倒一次后的老年人极有可能出现再次跌倒，跌倒也是老年人因伤住院的主要原因之一。

导致老年人跌倒的原因，主要有以下几点：

① 人体随着年龄的增长会发生肌肉萎缩和骨质疏松，导致身体缺乏支撑力，伸展动作也相应迟缓，因此老年人更容易摔倒；

② 头晕、定向障碍、嗜睡等疾病或副作用也是导致老年人容易跌倒的原因；

③ 接受多种药物治疗的老年人，因药物的相互作用存在较高的并发症风险，也容易导致跌倒；

④ 视力因素。老年人的视力减弱、丧失也是导致跌倒的主要因素。华建环境设计研究所根据网络大数据分析，大约三分之一的人在65岁之前可能患上某种导致视力下降的眼部疾病，例如年龄相关性黄斑变性、青光眼、白内障和糖尿病性视网膜病变等。为防止老年人因视觉障碍而跌倒，除了定期的视力检查外，还需要在室内外设计中减少因地面存在高低差导致绊脚而产生的跌倒。

异物绊脚	踩椅子摔倒	扶不稳拐杖摔倒
地面湿滑摔倒	楼梯绊脚摔倒	踩物品摔倒
眩晕摔倒	突发心脏病摔倒	台阶落差大摔倒

老年人跌倒的原因

（2）适老化设计、改造要点

许多人都会认为，防止老年人跌倒和受伤的最佳方法是停止身体的活动、减少行走、不安排家务劳作等。这看似明智的解决方案其实存在诸多缺点。老年人运动和锻炼得越少，身体就越虚弱，摔倒的风险反而增加了。停止活动也意味着老年人失去了自我照顾的能力，导致他们的生活变得相当乏味，极大地降低了生活质量。因此，预防老年人跌倒和借助轮椅无障碍行走就成了居家养老设计的要点。

对老年人的住宅需要做如下改造：

① 增加扶手的安装；

② 改善现有照明，增加夜灯；

③ 整理、移除可能导致老年人绊倒的物品，确保行走通道的通畅；

④ 将老年人经常取用的物品摆放到伸手可取的位置，避免老年人爬高取物；

⑤ 重物、大物应放在地上，且宜垫高摆放，避免老年人下蹲、弯腰取物；

⑥ 需长时间站立的家务劳作空间里宜摆放座椅，方便老年人随时休息；

⑦ 地面铺贴防滑地砖。

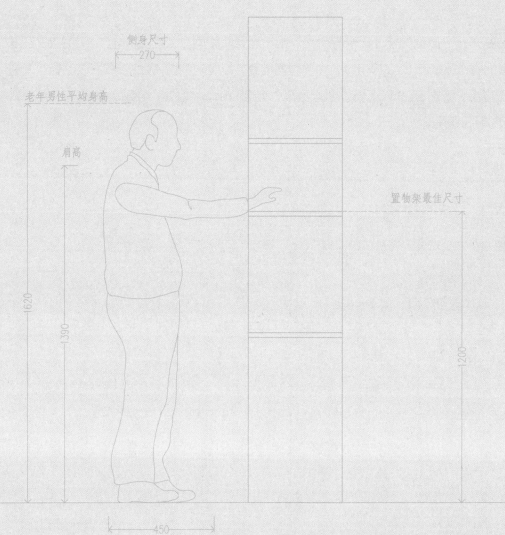

側身尺寸
270

老年男性平均身高

肩高

置物架最佳尺寸

1620

1390

1200

450
側身活动

第二部分

普通老年人

2 普通老年人尺寸指引

2.1 人体尺寸

通过对国内外老年人身体尺寸数据的整理记录与研究，根据国务院新闻办公室 2020 年 12 月 23 日发布的《中国居民营养与慢性病状况报告（2020 年）》中的数据推算，以及对我国南北方 65 岁以上老年人进行的尺寸数据测量、整理显示，我国 65 岁以上男性平均身高为 1620 mm，女性平均身高为 1520 mm。本书以此作为老年人人体尺寸标准编写。

各人体尺寸如下图所示。

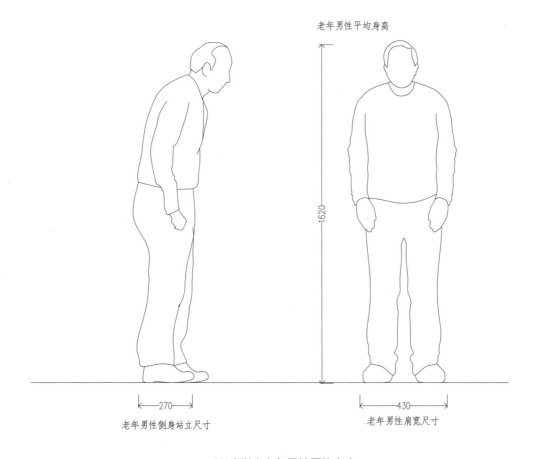

65 岁以上老年男性平均身高

注：我国幅员辽阔，人口众多，个体身高差异较大，图内标注的人体工学尺寸取值为我国人口身高的平均值，各省人口身高不一，设计师应根据自身所在省份平均身高做相应调整，北方人口可按平均值上浮 3 ~ 6 cm，南方及西南部人口可按平均值下浮 3 ~ 4 cm。本书图内数据单位除有特殊标注外均为毫米（mm）。

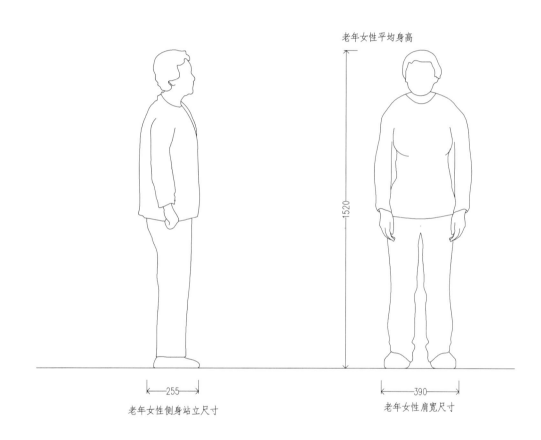

老年女性平均身高

1520

老年女性侧身站立尺寸 | 255

老年女性肩宽尺寸 | 390

65 岁以上老年女性平均身高

老年男性双臂伸展最大值（指尖到指尖）

65岁以上老年男性双臂伸展最大值

老年女性双臂伸展最大值（指尖到指尖）

65岁以上老年女性双臂伸展最大值

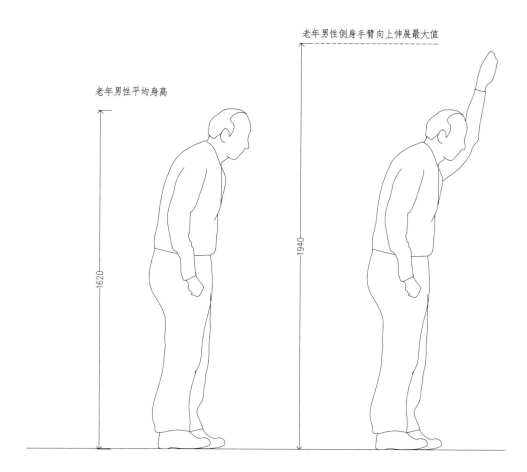

老年男性平均身高

老年男性侧身手臂向上伸展最大值

1620

1940

65 岁以上老年男性手臂向上伸展最大值

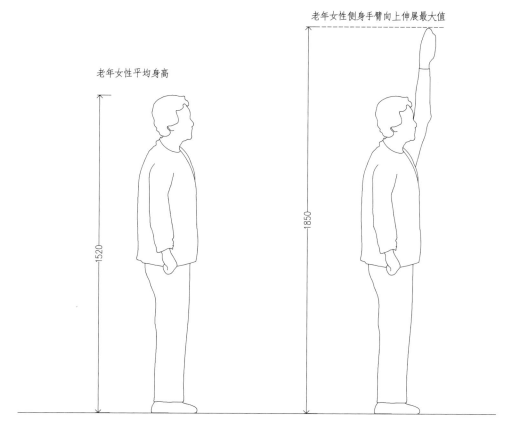

老年女性平均身高

老年女性侧身手臂向上伸展最大值

1520

1850

65 岁以上老年女性手臂向上伸展最大值

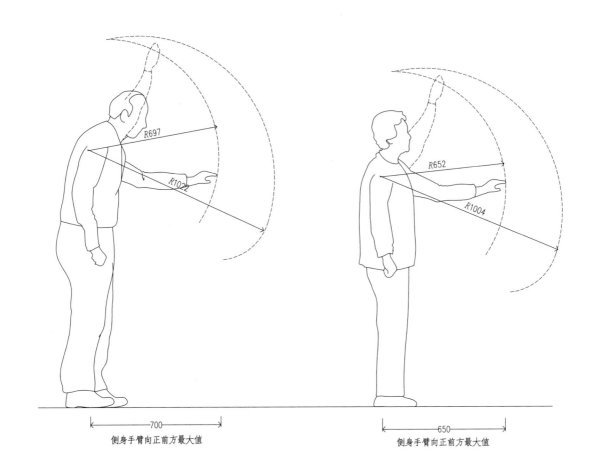

R697

R1022

700

侧身手臂向正前方最大值

R652

R1004

650

侧身手臂向正前方最大值

65岁以上老年人手臂向正前方伸展最大值

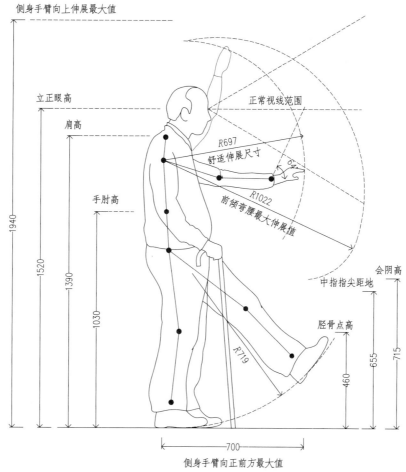

侧身手臂向上伸展最大值

正常视线范围

立正眼高

肩高

R697
舒适伸展尺寸

R1022
前倾弯腰最大伸展值

手肘高

会阴高

中指指尖距地

胫骨点高

1940

1520

1390

1030

R719

655

715

460

700
侧身手臂向正前方最大值

65 岁以上老年男性侧面尺寸

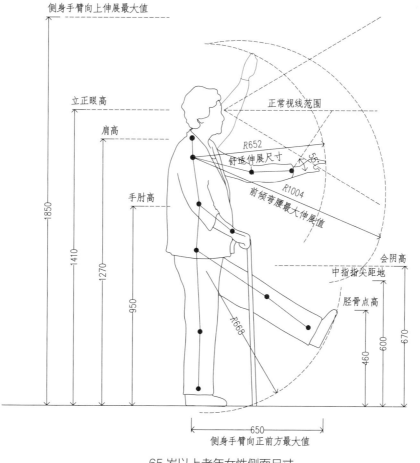

侧身手臂向上伸展最大值

正常视线范围

立正眼高

肩高

R652
舒适伸展尺寸

R1004
前倾弯腰最大伸展值

手肘高

会阴高

中指指尖距地

胫骨点高

1850

1410

1270

950

R668

600

670

460

650
侧身手臂向正前方最大值

65 岁以上老年女性侧面尺寸

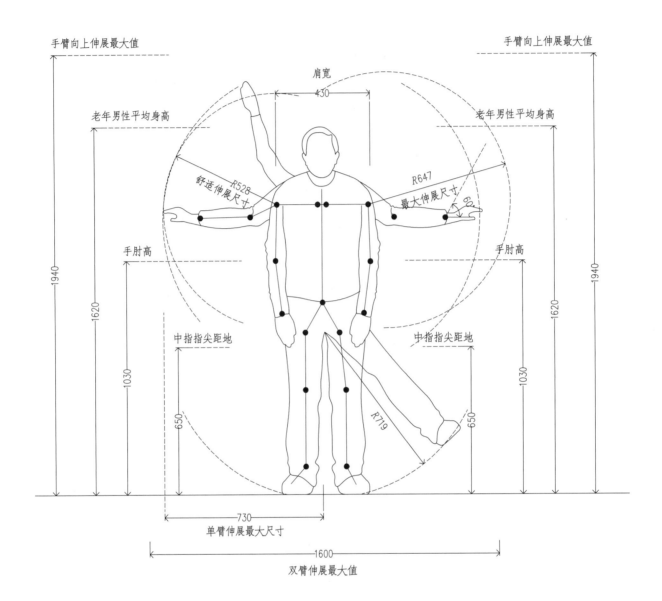

手臂向上伸展最大值

肩宽
430

老年男性平均身高

舒适伸展尺寸 R528

R647 最大伸展尺寸 90

手臂向上伸展最大值

老年男性平均身高

手肘高

中指指尖距地

手肘高

中指指尖距地

R719

1940

1620

1030

650

1940

1620

1030

650

730
单臂伸展最大尺寸

1600
双臂伸展最大值

65 岁以上老年男性正面尺寸

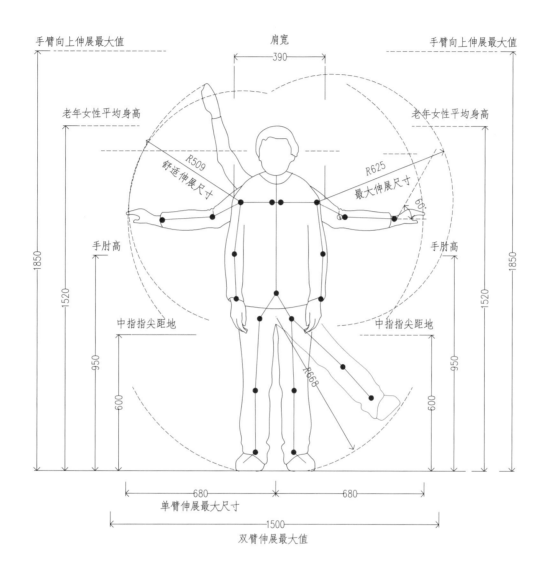

手臂向上伸展最大值　　　　肩宽　　　　手臂向上伸展最大值

390

老年女性平均身高　　　　　　　　　　老年女性平均身高

R509　　　　　　　　R625

舒适伸展尺寸　　　　　　　最大伸展尺寸

手肘高　　　　　　　　　　　　　　　手肘高

1850

1520

中指指尖距地　　　　　　　　中指指尖距地

950

R668

600　　　　　　　　　　　　　　　　600

1850

1520

950

680　　　　　680

单臂伸展最大尺寸

1500

双臂伸展最大值

65岁以上老年女性正面尺寸

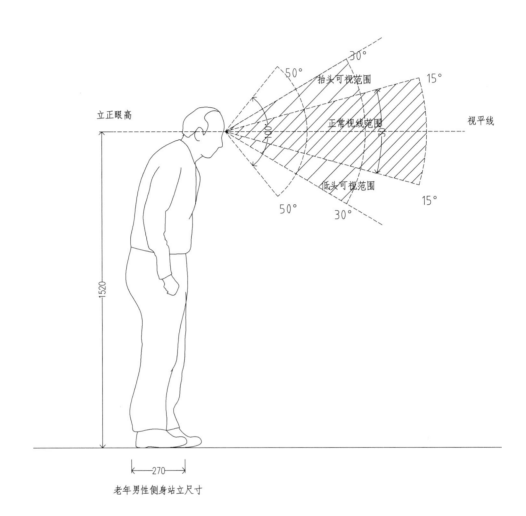

立正眼高

视平线

抬头可视范围

正常视线范围

低头可视范围

30°

50°

15°

50°

30°

15°

1520

270

老年男性侧身站立尺寸

65岁以上老年男性立正视平线尺寸

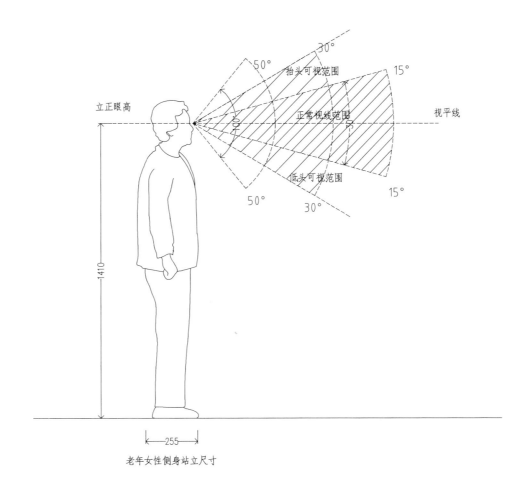

立正眼高

抬头可视范围

正常视线范围

视平线

低头可视范围

1410

255

老年女性侧身站立尺寸

65 岁以上老年女性立正视平线尺寸

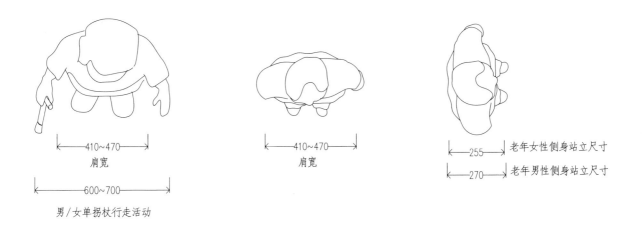

410~470

肩宽

410~470

肩宽

255 老年女性侧身站立尺寸

270 老年男性侧身站立尺寸

600~700

男/女单拐杖行走活动

65 岁以上老年人俯视尺寸

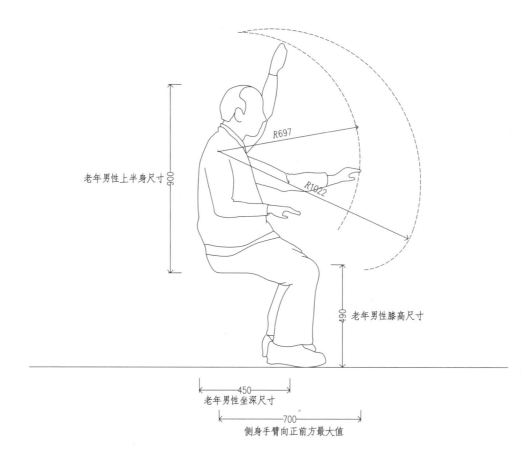

老年男性上半身尺寸 906

R697

R1022

老年男性膝高尺寸 490

450
老年男性坐深尺寸

700
侧身手臂向正前方最大值

65 岁以上老年男性坐立尺寸

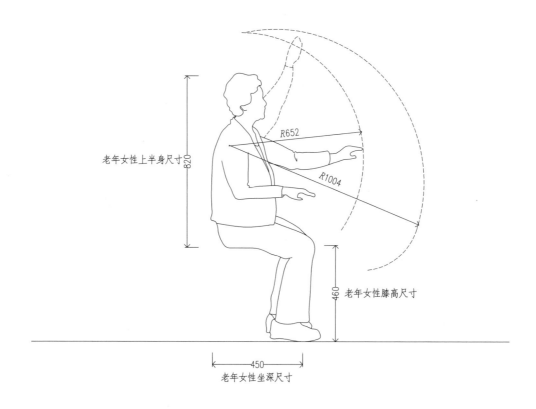

老年女性上半身尺寸 820

R652

R1004

老年女性膝高尺寸 490

450
老年女性坐深尺寸

65 岁以上老年女性坐立尺寸

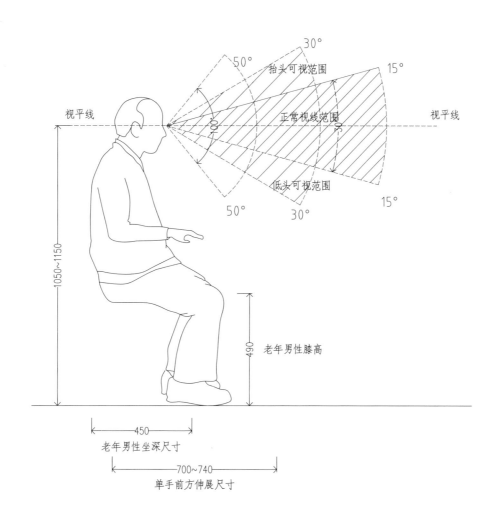

視平線　　　　　　　　　　　　　　　　　　　　　　　　　　　　視平線

30°
50°
抬头可视范围
15°
正常视线范围
低头可视范围
50°
30°
15°

1050~1150

老年男性膝高
490

450
老年男性坐深尺寸

700~740
单手前方伸展尺寸

65 岁以上老年男性坐立视平线尺寸

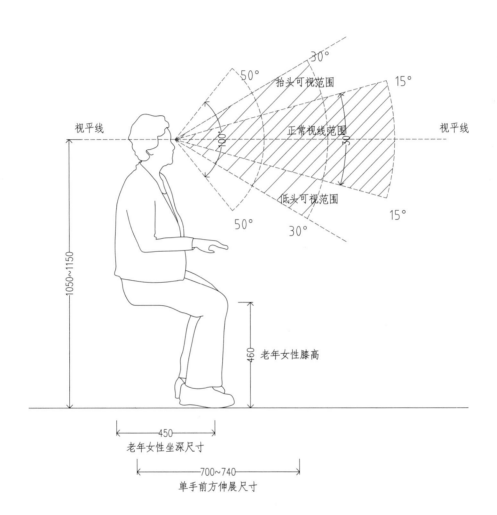

视平线　　　　　　　　　　　　　　　　　　　视平线

30°

50°

抬头可视范围

15°

正常视线范围

40°

30°

低头可视范围

15°

50°

30°

1050~1150

老年女性膝高 460

450
老年女性坐深尺寸

700~740
单手前方伸展尺寸

65 岁以上老年女性坐立视平线尺寸

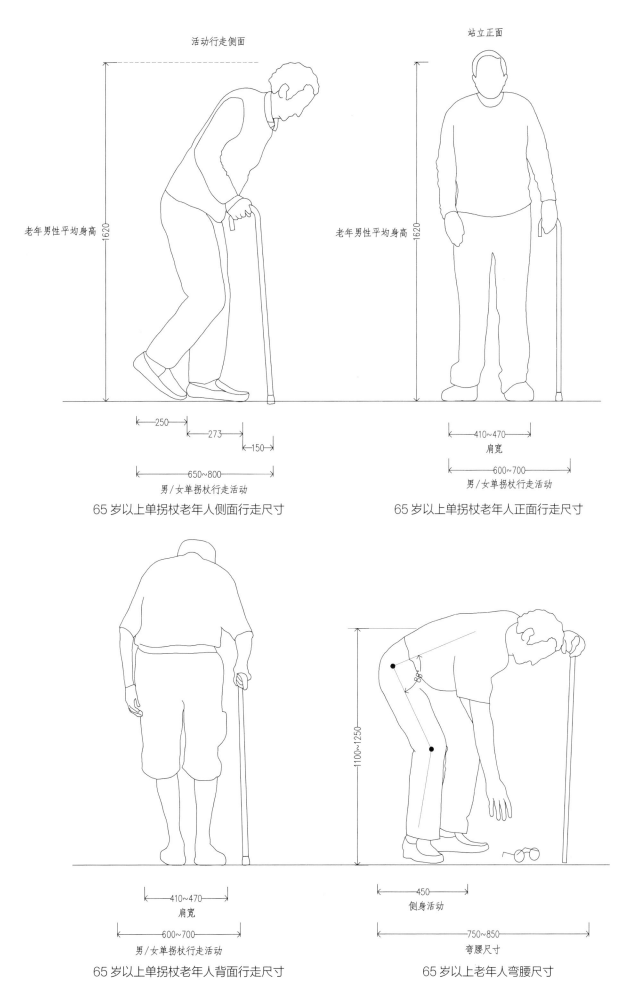

活动行走侧面

站立正面

老年男性平均身高 1620

老年男性平均身高 1620

250

273

150

650~800

男/女单拐杖行走活动

65 岁以上单拐杖老年人侧面行走尺寸

410~470

肩宽

600~700

男/女单拐杖行走活动

65 岁以上单拐杖老年人正面行走尺寸

410~470

肩宽

600~700

男/女单拐杖行走活动

65 岁以上单拐杖老年人背面行走尺寸

80°

1100~1250

450

侧身活动

750~850

弯腰尺寸

65 岁以上老年人弯腰尺寸

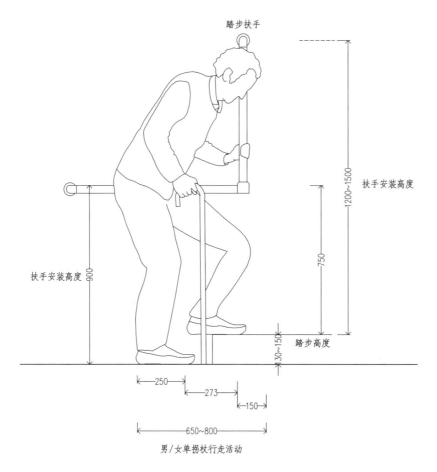

踏步扶手

扶手安装高度 1200~1500

750

踏步高度 30~150

扶手安装高度 900

250

273

150

650~800

男/女单拐杖行走活动

65 岁以上老年人楼梯踏步尺寸

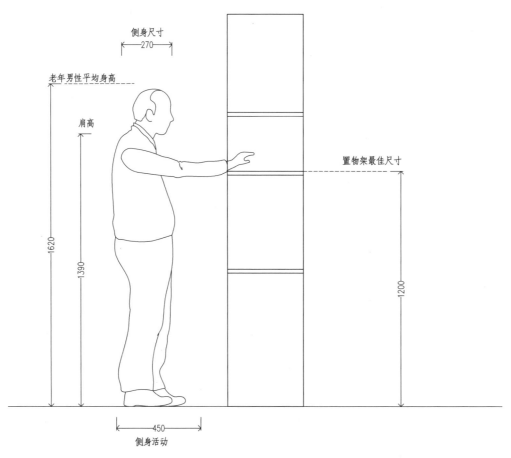

侧身尺寸 270

老年男性平均身高

肩高

置物架最佳尺寸

1620

1390

1200

450

侧身活动

65 岁以上老年人置物最佳尺寸

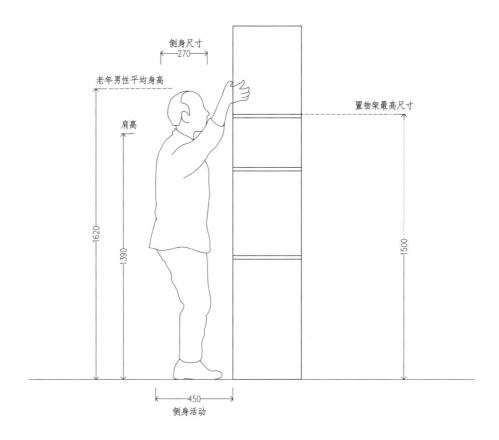

侧身尺寸
270

老年男性平均身高

肩高

1620

1390

置物架最高尺寸

1500

450
侧身活动

65 岁以上老年人置物最高尺寸

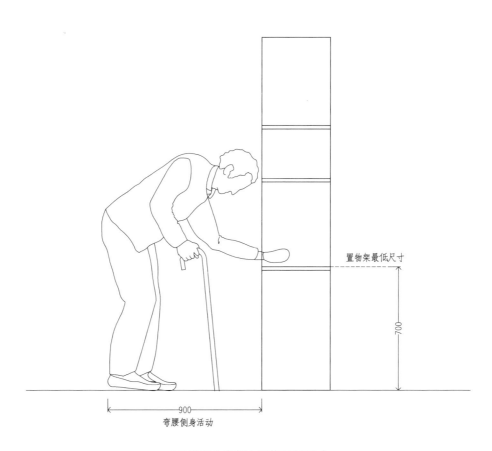

置物架最低尺寸

700

900
夸腰侧身活动

65 岁以上老年人置物最低尺寸

2.2 行走速度

正常老年人的行走速度为1.25 ~ 1.32 m/s。

使用手杖或拐杖的老年人的行走速度为0.8 ~ 1.1 m/s。

患髋关节炎老年人的行走速度为0.6 ~ 0.8 m/s。

患类风湿性关节（膝关节）炎老年人的行走速度为0.7 ~ 0.9 m/s。

使用辅助设备的老年人的行走速度为0.6 ~ 0.8 m/s。

轮椅老年人的行走速度为0.9 ~ 1.2 m/s。

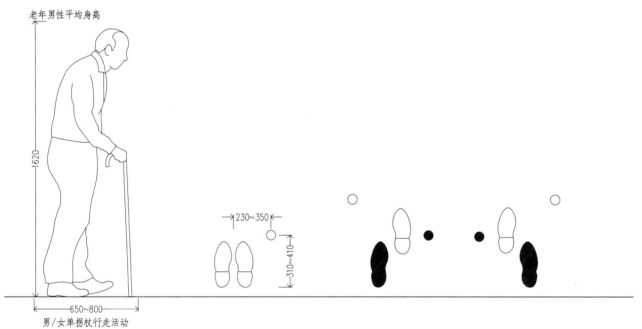

老年男性平均身高

1620

650~800

男/女单拐杖行走活动

230~350

310~410

使用手杖或拐杖的行走路径

老年人用手杖或拐杖行走路径尺寸

老年人行走速度

老年人类型	正常老年人	使用手杖或拐杖	髋关节炎患者
行走速度 （m/s）	1.25 ～ 1.32	0.8 ～ 1.1	0.6 ～ 0.8
图示	老年男性平均身高 1620 →270← 老年男性侧身站立尺寸	老年男性平均身高 1620 ←650～800→ 男/女单拐杖行走活动	老年男性平均身高 1620 ←600～700→ 男/女单拐杖行走活动

老年人类型	类风湿性关节（膝关节）炎患者	使用辅助设备	使用轮椅
行走速度 （m/s）	0.7 ～ 0.9	0.6 ～ 0.8	0.9 ～ 1.2
图示	老年男性平均身高 1620 ←650～800→ 男/女单拐杖行走活动	老年男性平均身高 1620 · 750～900 助步器高度 ←400～450→ 助步器尺寸 ←850～1050→ 男/女助步器行走活动	轮椅高度 · 男性膝盖高度 · 座椅高度 915 · 495 · 550～650 ←1100→ 总长度

2.3 辅助行走尺寸

单个支撑拐杖加扶手行走尺寸为880 mm。

助行器行走尺寸为900 mm。

四脚拐杖行走尺寸为800 mm。

肘拐手臂式拐杖行走尺寸900 mm。

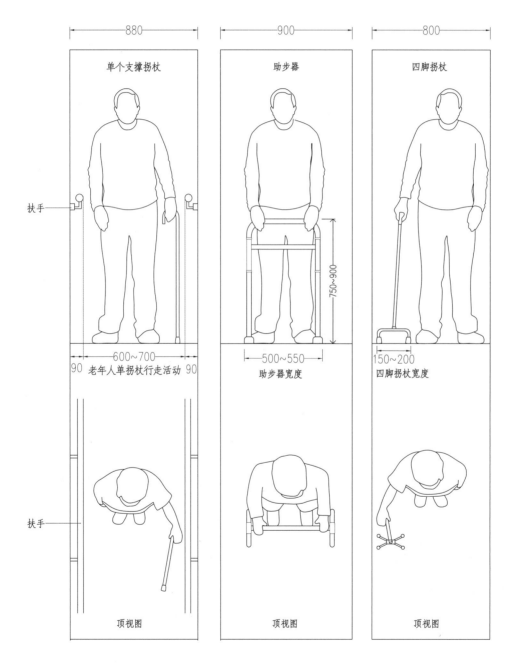

普通老年人辅助行走尺寸

3 普通老年人公共活动空间

3.1 门厅过道

鞋柜与换鞋凳宜呈90°摆放，方便老年人坐下拿取鞋子。

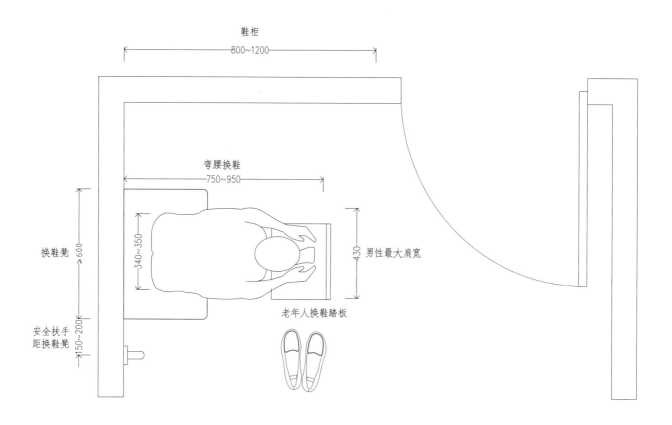

玄关平面功能布置

对于弯腰不便的老年人，宜在鞋柜上方增加横向扶手。

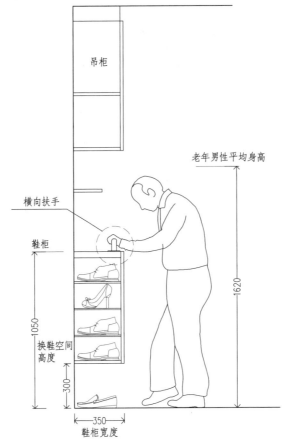

鞋柜上方增加横向扶手

鞋柜下方宜预留高度不小于300 mm的换鞋空间，便于老年人换鞋时的视线观察。

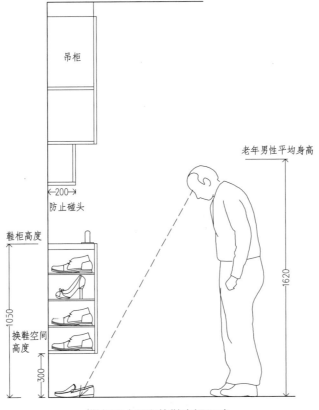

鞋柜下方预留换鞋空间尺寸

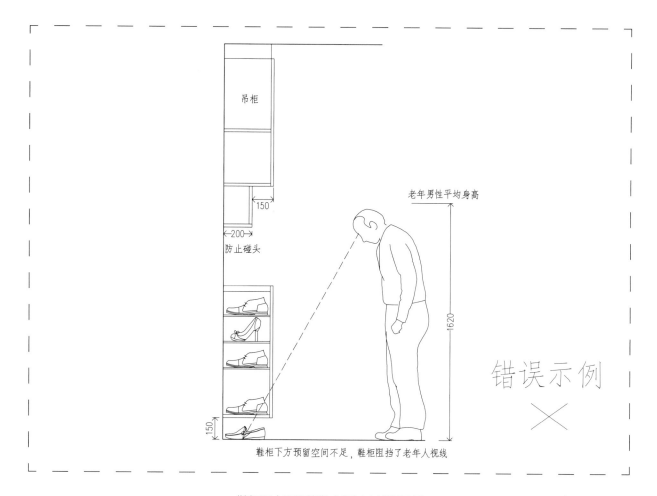

吊柜

150

←200→

防止碰头

老年男性平均身高

1620

错误示例
×

150

鞋柜下方预留空间不足，鞋柜阻挡了老年人视线

鞋柜下方预留换鞋空间过小错误示例

对于弯腰不便的老年人，可增加换鞋踏板凳，减少老年人弯腰频率。踏板凳高度宜为250 mm，宽度宜大于300 mm。

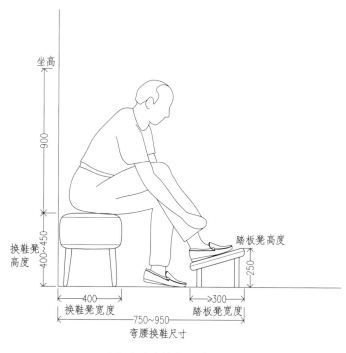

坐高

900

换鞋凳
高度

400~450

踏板凳高度

250

400

换鞋凳宽度

300

踏板凳宽度

750~950

弯腰换鞋尺寸

老年人坐立换鞋尺寸

老年人穿换鞋区域宜设置安全扶手，安全扶手末端安装高度宜为650 ～ 700 mm，顶端安装高度宜为1400 mm。

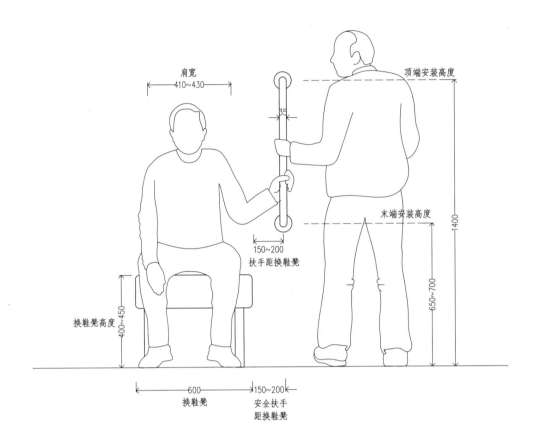

穿换鞋区安全扶手尺寸

入户门旁宜设置小黑板，提醒老年人"四关两带"，小黑板的高度宜为1200 mm。

听力、视力衰退的老年人的住所内，门旁应设置闪光震动门铃。

门镜安装高度宜为1450 ～ 1550 mm，门把手安装高度宜为900 mm。

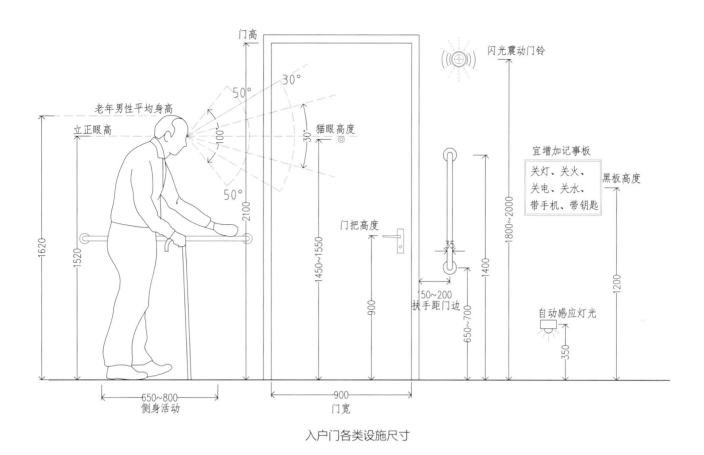

入户门各类设施尺寸

门边宜增加安全扶手，安全扶手末端安装高度宜为650 ~ 700 mm，顶端安装高度宜为1400 mm。

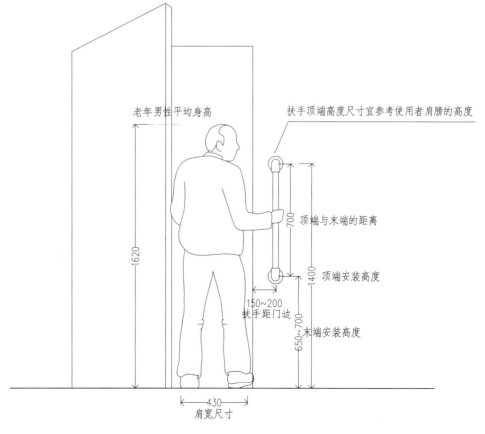

门边安全扶手尺寸

门旁挂衣钩安装高度宜为1500 mm。

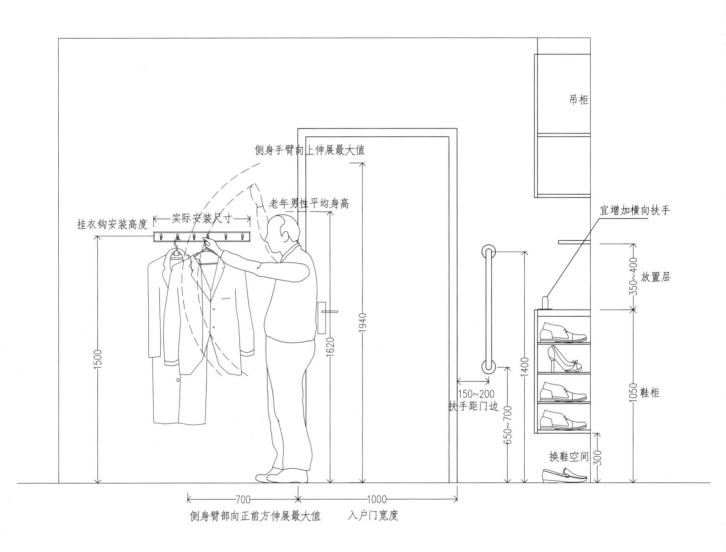

侧身手臂向上伸展最大值

老年男性平均身高

挂衣钩安装高度　实际安装尺寸

宜增加横向扶手

吊柜

放置层　350~400

鞋柜　1050

换鞋空间　300

1940

1620

1500

1400

650~700

150~200
扶手距门边

700
侧身臂部向正前方伸展最大值

1000
入户门宽度

挂衣钩安装高度

老年男性向上伸手最大值为1940 mm，老年女性向上伸手最大值为1850 mm。

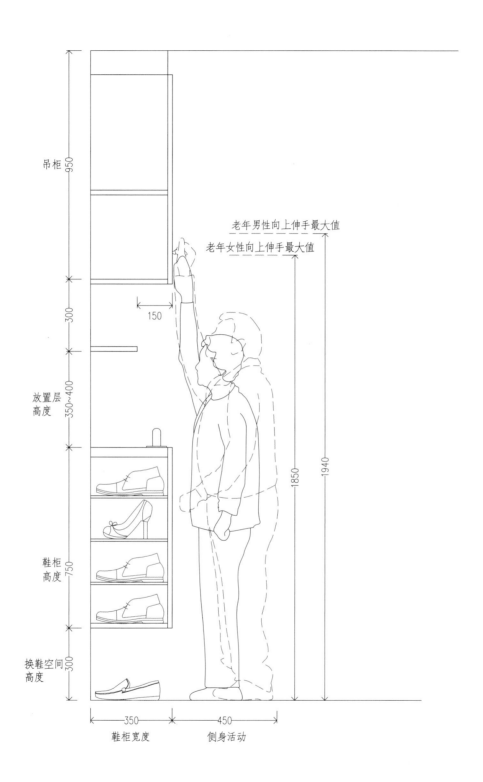

65 岁以上老年人向上伸手最大值

3.2 客厅

3.2.1 坐姿老年人

老年人应使用有高度、有扶手、有靠背的座椅，座椅高度宜为400 ～ 450 mm。

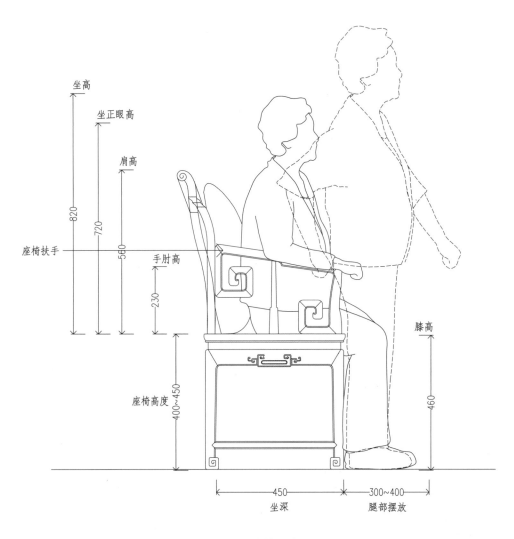

带扶手座椅尺寸

座椅扶手的高度宜为离座面250～300 mm，椅背的高度宜为900～1050 mm，方便老年人起身及就座。

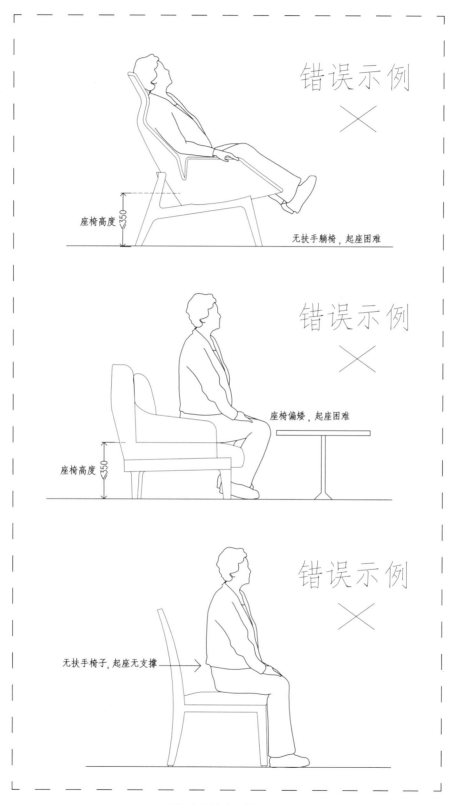

老年人座椅选用错误示例

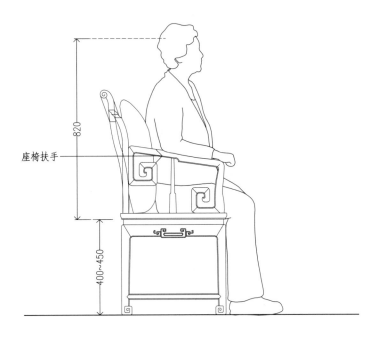

座椅扶手

820

400~450

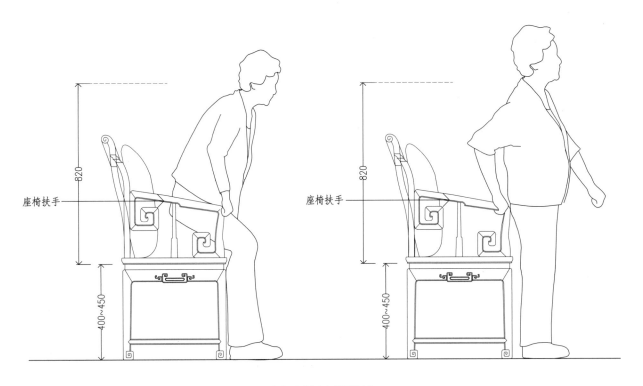

座椅扶手

820

400~450

座椅扶手

820

400~450

老年人起身过程模拟

3.2.2　客厅尺寸

沙发前应预留300～400 mm的腿部摆放空间。

茶几的高度宜为500～550 mm，方便老年人扶着站起来。

电视柜的高度宜为750 mm，方便老年人取物。

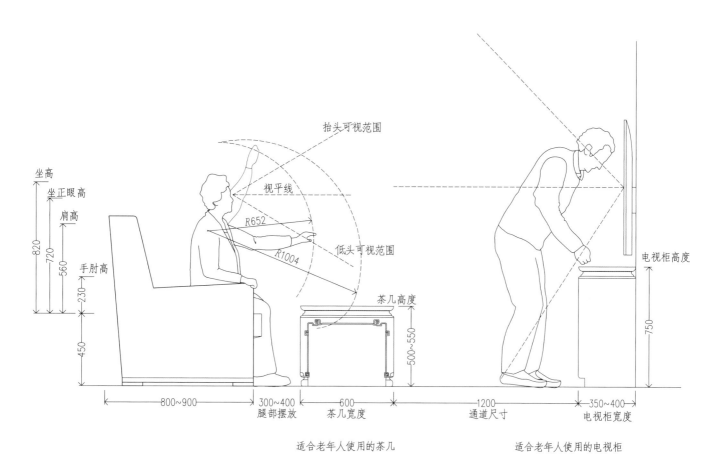

老年人客厅尺寸

边几高度450 ~ 550 mm，宜与座椅高度持平，方便老年人取放物品。

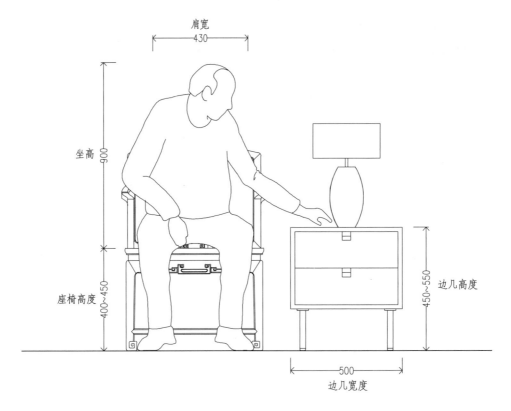

边几适宜高度尺寸

边几高度过低，不便于老年人取放物品。

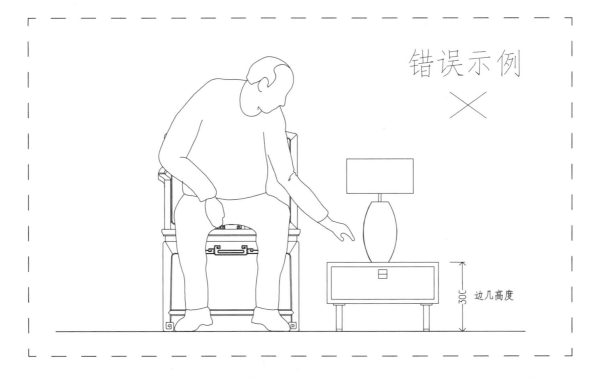

边几高度过低错误示例

客厅沙发区不宜设置地毯。

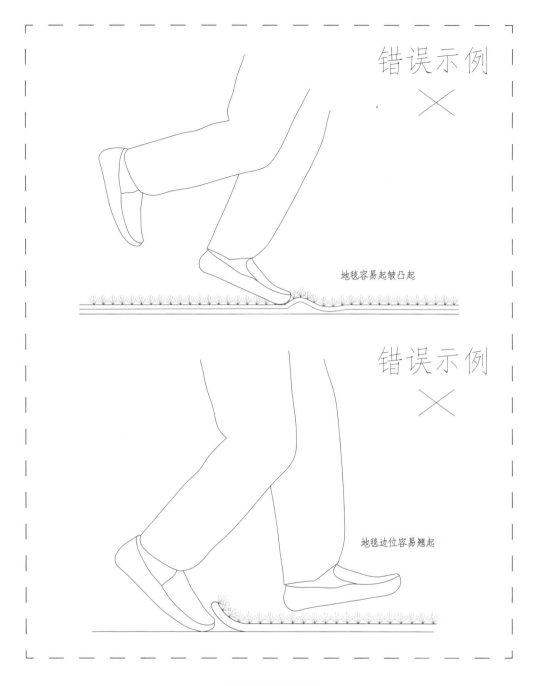

错误示例 ✕

地毯容易起皱凸起

错误示例 ✕

地毯边位容易翘起

地毯设置错误示例

3.3 餐厅

餐厅适老化设计要点：

① 椅子后背需有扶手的位置：后背扶手高度宜为900～1050mm；后背扶手需设置防滑条。

② 椅子两旁需要有扶手：椅子两旁扶手离座位尺寸宜为250～300mm；两旁扶手需设计防滑条。

③ 椅子座高不宜过高或过低：椅子座高尺寸宜为400～450mm。

④椅子脚套或脚垫：在椅子腿底部贴上脚套或脚垫，方便老年人力气不足只能平移椅子时，椅腿与地板摩擦发出声响。

⑤椅子旁设计拐杖套：在椅子旁设计拐杖套放置拐杖。

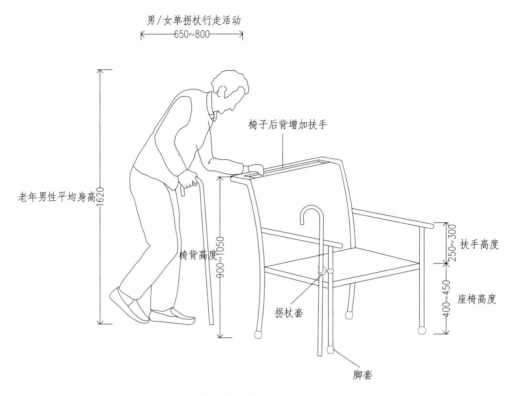

餐厅座椅后背宜增加扶手

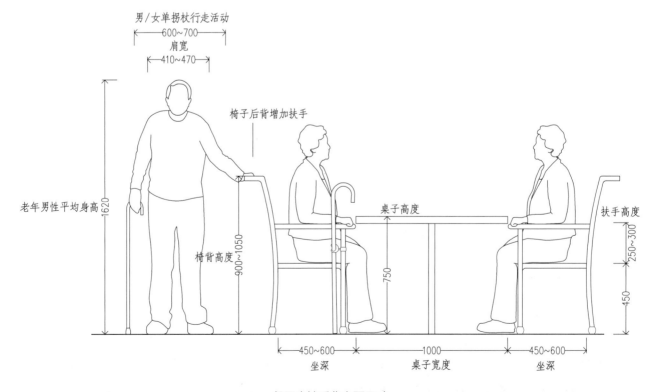

餐厅座椅后背立面尺寸

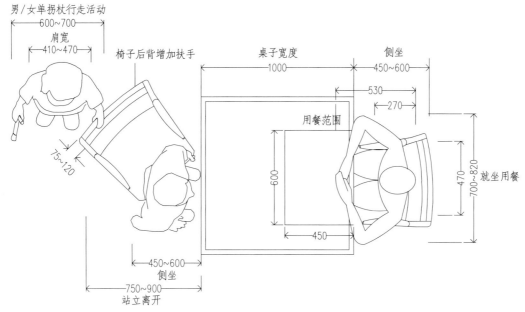

男/女单拐杖行走活动
600~700

肩宽
410~470

椅子后背增加扶手

75~120

桌子宽度
1000

侧坐
450~600

530

270

用餐范围

600

就坐用餐
700~820

470

450

450~600
侧坐

750~900
站立离开

餐厅座椅后背平面尺寸

3.4　厨房

（1）灶台高度

老年人使用的灶台不宜过高，一般在 730 mm 左右较为适宜。

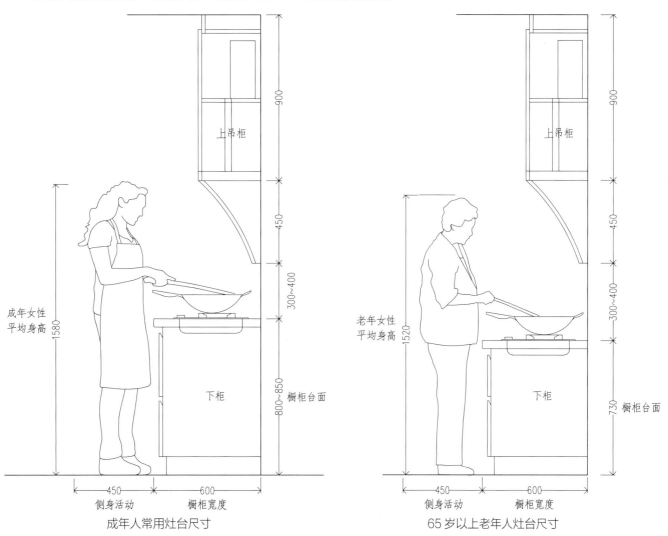

上吊柜

900

450

300~400

下柜

800~850 橱柜台面

成年女性
平均身高
1580

450
侧身活动

600
橱柜宽度

成年人常用灶台尺寸

上吊柜

900

450

300~400

下柜

730 橱柜台面

老年女性
平均身高
1520

450
侧身活动

600
橱柜宽度

65 岁以上老年人灶台尺寸

（2）清洗盆高度

老年人使用的清洗盆台面高度宜为900～920mm。

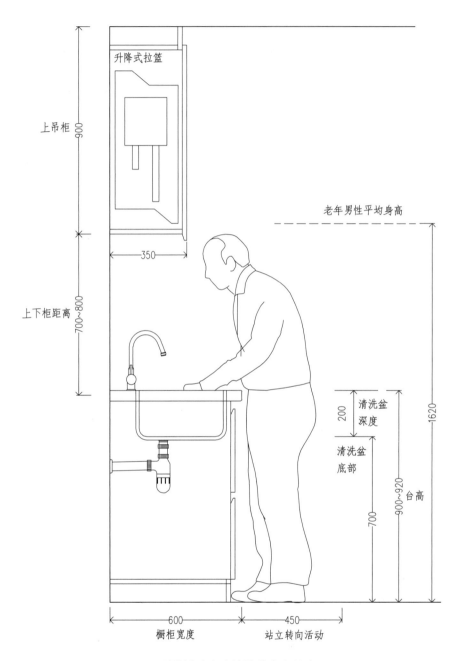

升降式拉篮

上吊柜 900

350

上下柜距离 700～800

老年男性平均身高

清洗盆深度 200

清洗盆底部

700

900～920 台高

1620

600 橱柜宽度

450 站立转向活动

65岁以上老年人清洗盆高度尺寸

（3）老年人向上伸手最大值

老年男性向上伸手最大值为1940 mm，老年女性向上伸手最大值为1850 mm，橱柜不宜过高，以防老人取物时跌倒。

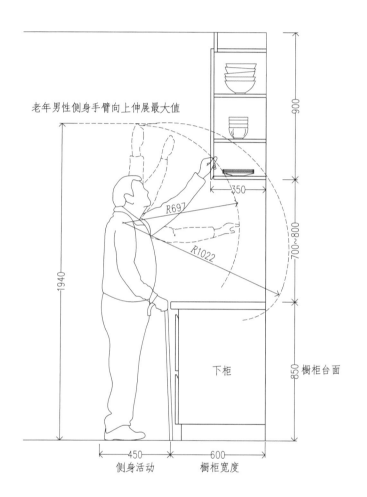

65岁以上老年男性向上伸手最大值

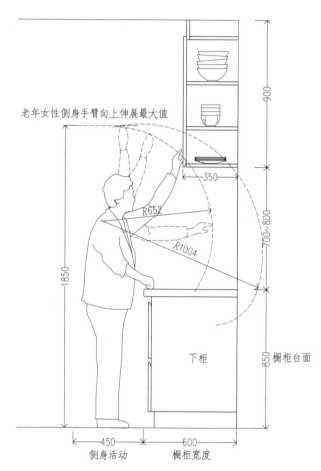

65岁以上老年女性向上伸手最大值

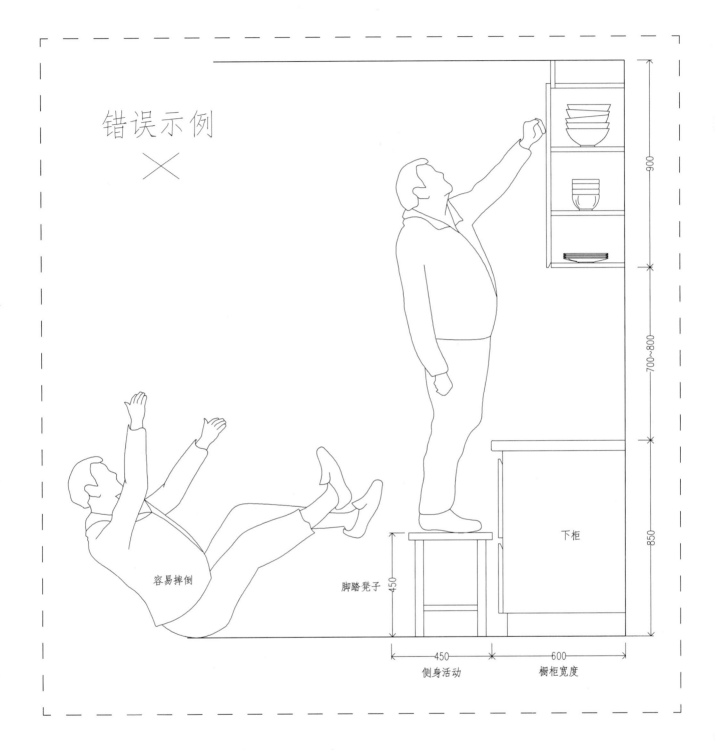

错误示例

×

900

700~800

下柜

850

450

脚踏凳子

容易摔倒

450

侧身活动

600

橱柜宽度

物品摆放过高错误示例

（4）老年人常用储物柜设计

上吊柜不应过高，否则老年人脚踏凳子取物容易摔倒。

上吊柜宜设置升降式拉篮。

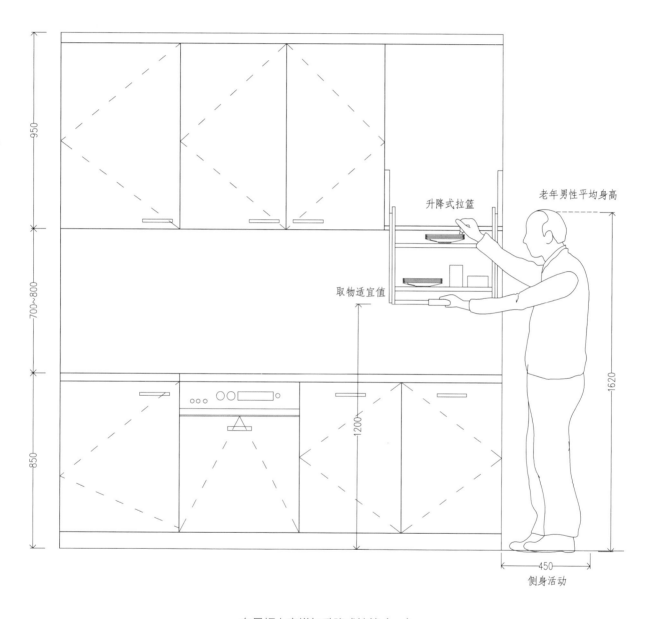

在吊柜上宜增加升降式拉篮（一）

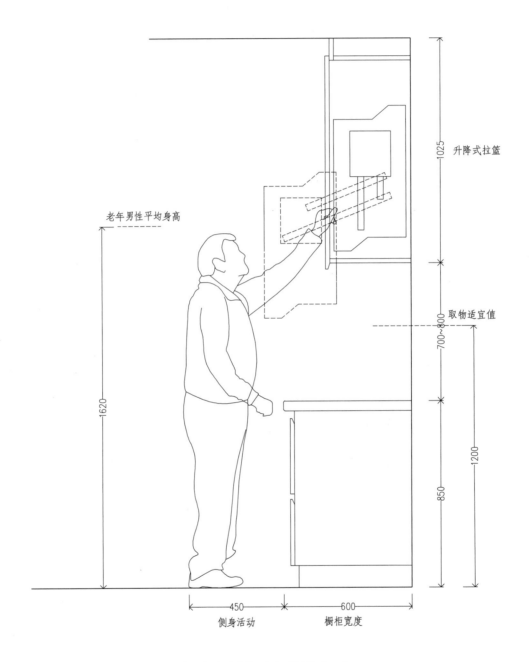

升降式拉篮

取物适宜值

1025

700~800

1200

850

老年男性平均身高

1620

450

侧身活动

600

橱柜宽度

在吊柜上宜增加升降式拉篮（二）

（5）弯腰取物空间尺寸

橱柜下柜宜使用抽屉式设计，减少老年人因取物而下蹲的次数。老年人弯腰取物的空间尺寸宜为750～850 mm。

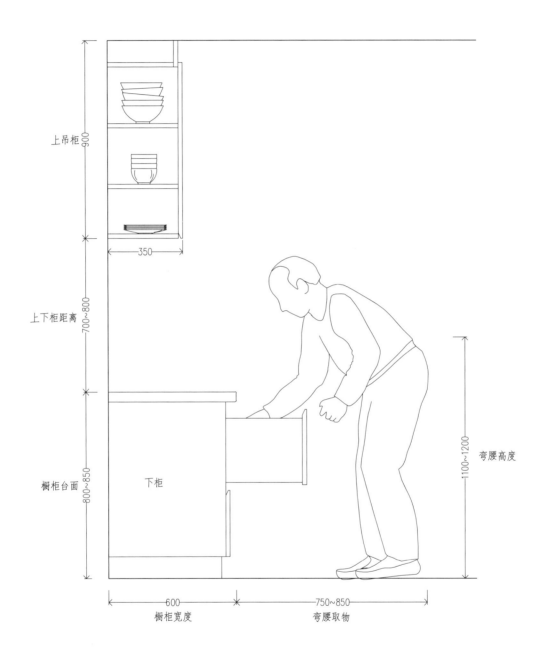

老年人弯腰取物尺寸

3.5 生活阳台

（1）晾衣杆

老年男性向上伸手最大值为1940 mm，老年女性向上伸手最大值为1850 mm，老年人站姿取物适宜值为1200 mm，所以应在阳台上给老年人准备可电动或机械式升降的晾衣杆。

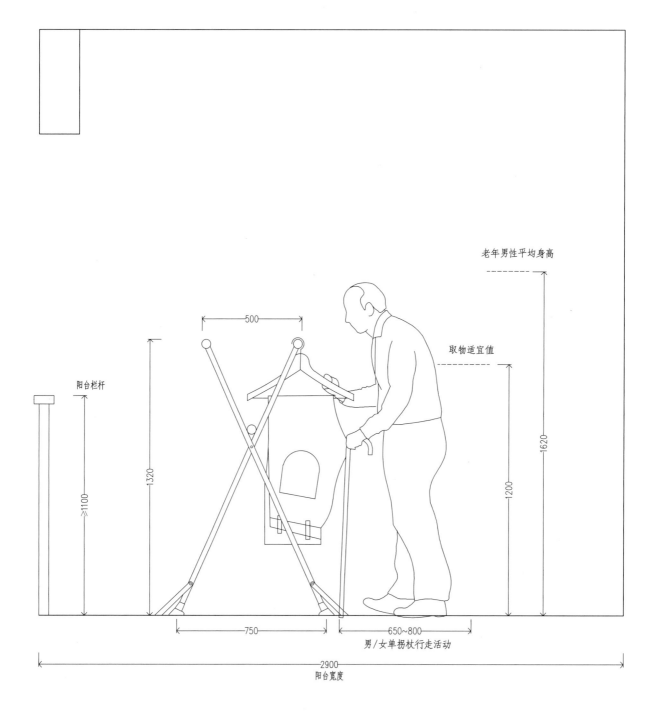

落地式晾衣架尺寸

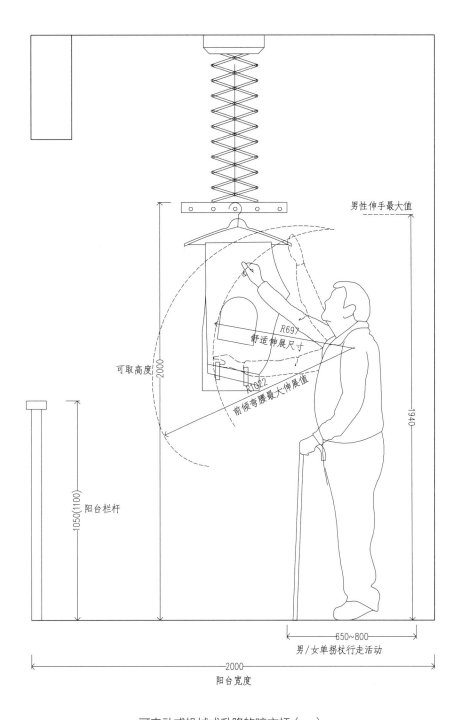

男性伸手最大值

可取高度

舒适伸展尺寸

R697

R1022

前倾弯腰最大伸展值

2000

1940

阳台栏杆

1050(1100)

650~800

男/女单拐杖行走活动

2000

阳台宽度

可电动或机械式升降的晾衣杆（一）

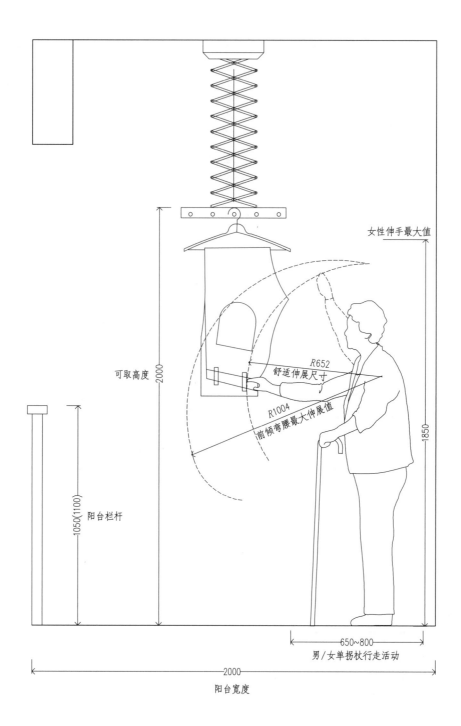

可电动或机械式升降的晾衣杆（二）

（2）洗衣机

因很多老年人弯腰不便，所以针对有普通老年人的家庭宜使用波轮翻盖式洗衣机。若使用滚筒式洗衣机，应增加地台，便于老年人取放衣物。

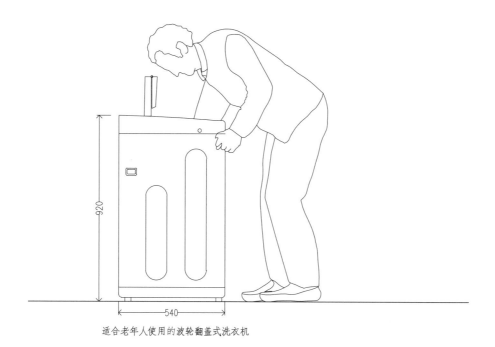

适合老年人使用的波轮翻盖式洗衣机

波轮翻盖式洗衣机尺寸

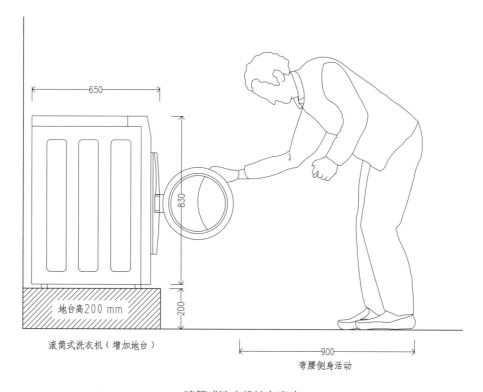

滚筒式洗衣机（增加地台）

弯腰侧身活动

滚筒式洗衣机地台高度

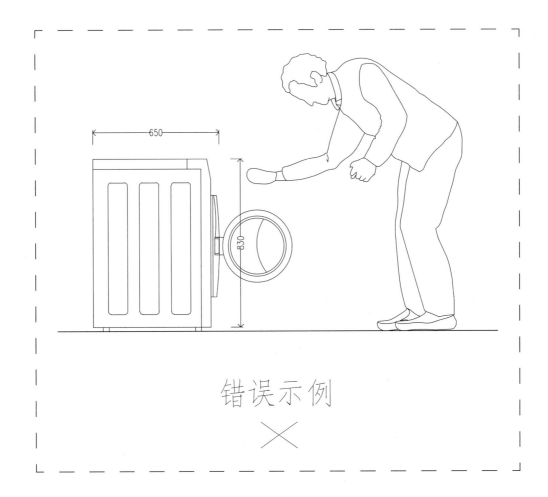

错误示例

×

滚筒式洗衣机缺少地台错误示例

3.6 卫生间

（1）手纸盒安装高度

手纸盒宜设置在坐便器及蹲便器侧边，如果在后方，会导致老年人不方便取纸。

手纸盒的安装高度宜为 750 mm。

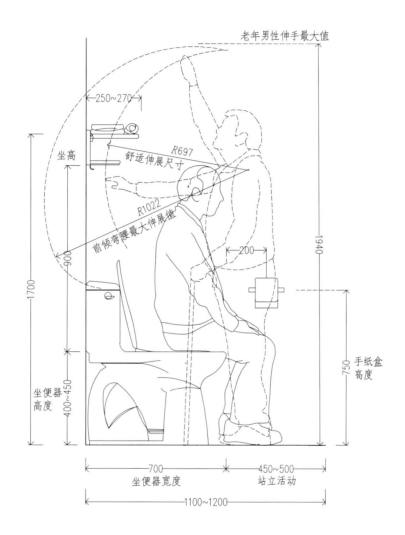

手纸盒安装高度

（2）蹲便器

行动不便的老年人宜在蹲便器上方放置折叠式坐便椅。

蹲便器前应设置水平及垂直安全抓杆。

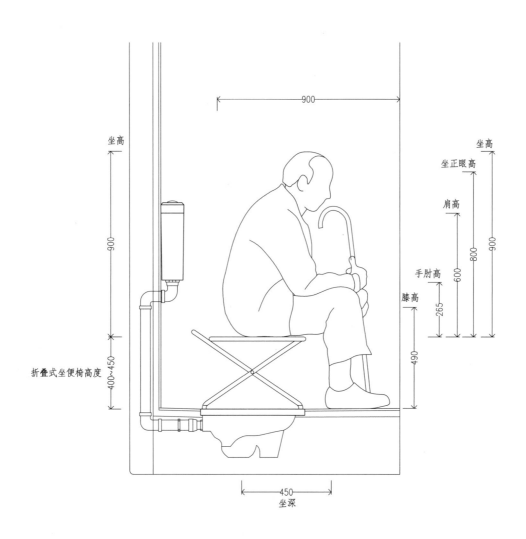

折叠式坐便椅尺寸

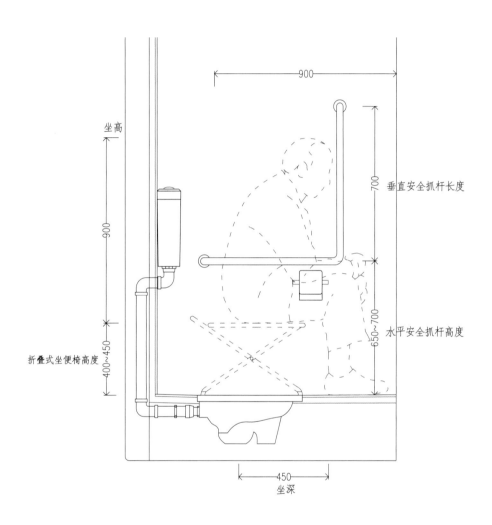

坐高

900

折叠式坐便椅高度

400~450

900

垂直安全抓杆长度

700

水平安全抓杆高度

650~700

450

坐深

蹲便器前安全抓杆尺寸

（3）卫生间开门方式

卫生间平开门应采用外拉开启方式，如果老年人在淋浴时发生晕倒、摔倒的情况，可以实现快速救治。

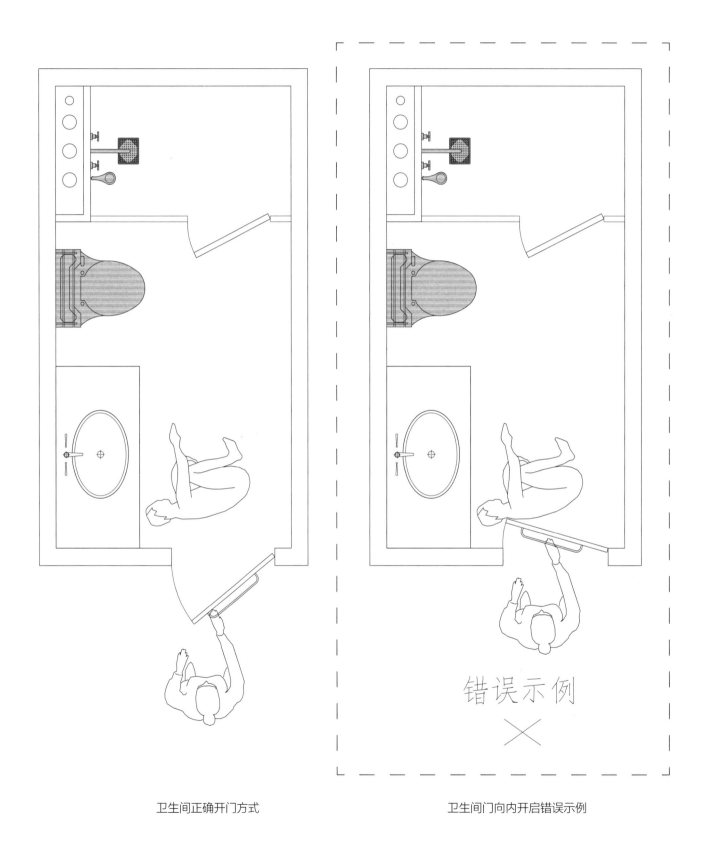

卫生间正确开门方式 卫生间门向内开启错误示例

错误示例
×

3.7 私密睡眠空间

床两侧及床尾宜设置扶手，扶手高度宜为 700 ~ 900 mm。

衣柜上方不宜放置重物，以免老年人搬运时因支撑力不足摔倒或被砸伤。

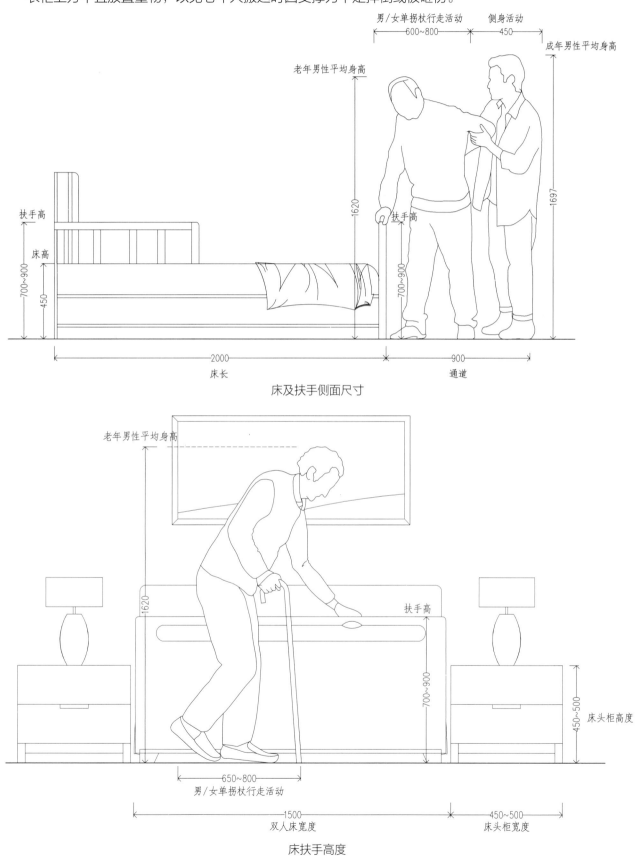

床及扶手侧面尺寸

床扶手高度

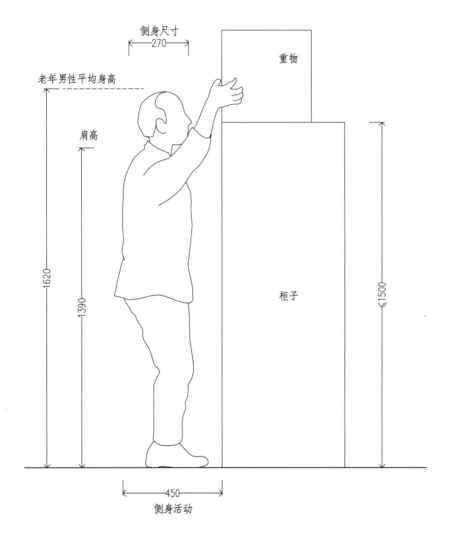

側身尺寸 270

老年男性平均身高

肩高

重物

柜子

1620

1390

≤1500

450

側身活动

衣柜上方不宜放置重物

3.8 门窗、家具及电器设备

（1）开关面板安装高度
站姿老年人的照明开关面板安装高度宜为1350 mm。

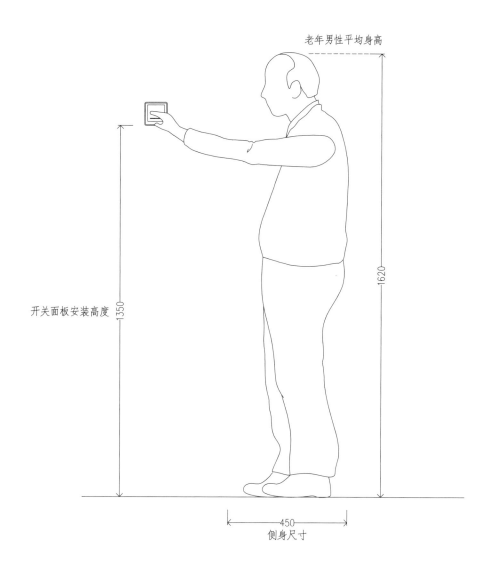

老年男性平均身高

1620

开关面板安装高度 1350

450
侧身尺寸

开关安装高度

（2）插座面板安装高度

老年人呈站姿时，插座面板安装高度不宜小于650 mm。

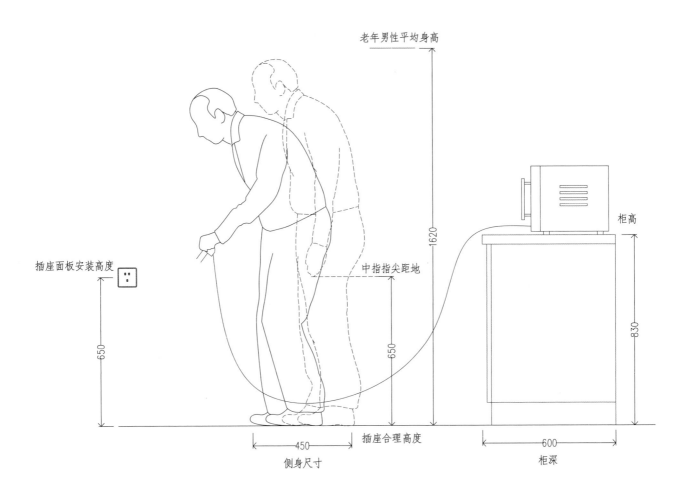

插座安装高度

因老年人弯腰不便，插座安装高度不宜过低。

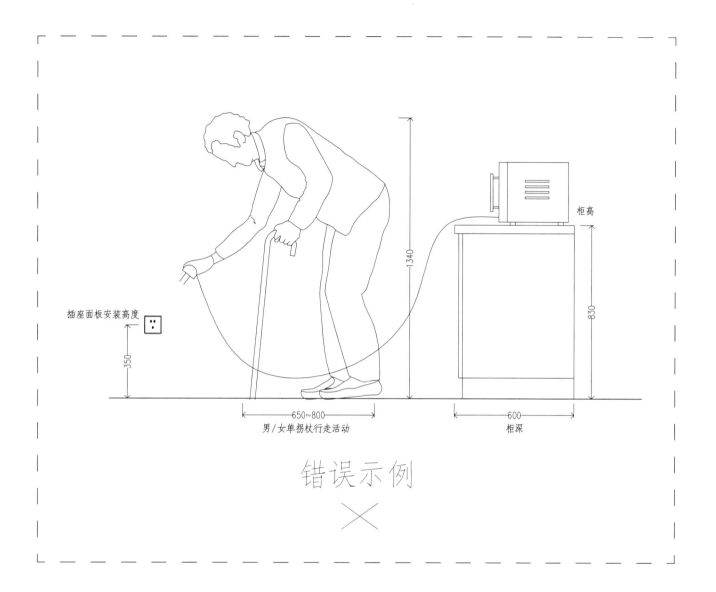

插座面板安装高度

350

1340

柜高

830

650~800
男/女单拐杖行走活动

600
柜深

错误示例
×

插座安装过低错误示例

为了便于老年人使用，适老化住宅不应设置地插，且地插外凸于地面容易造成绊脚跌倒。

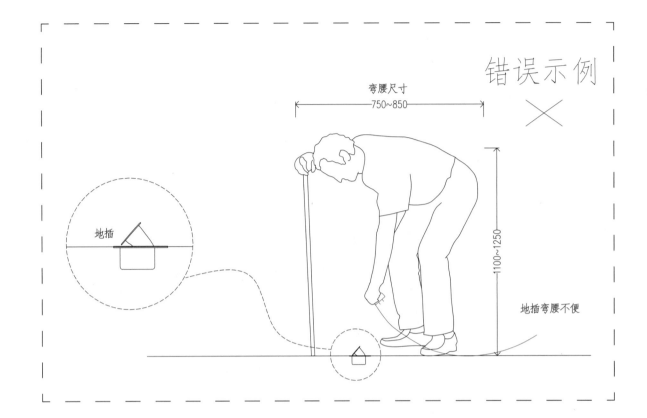

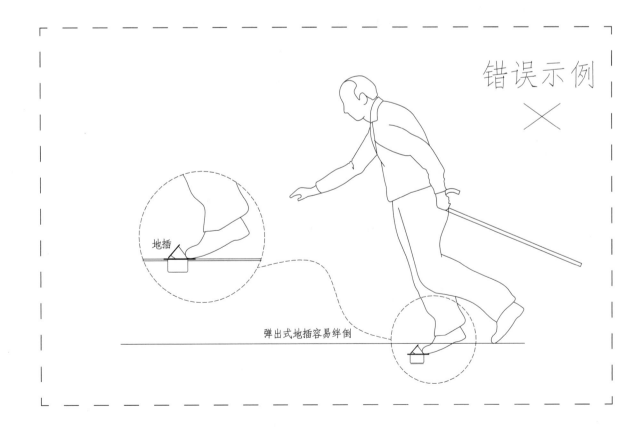

地插安装错误示例

（3）窗户

常见的窗户形式有悬开窗、推拉窗、平开窗等。

老年人建议使用低位开关的推拉窗。

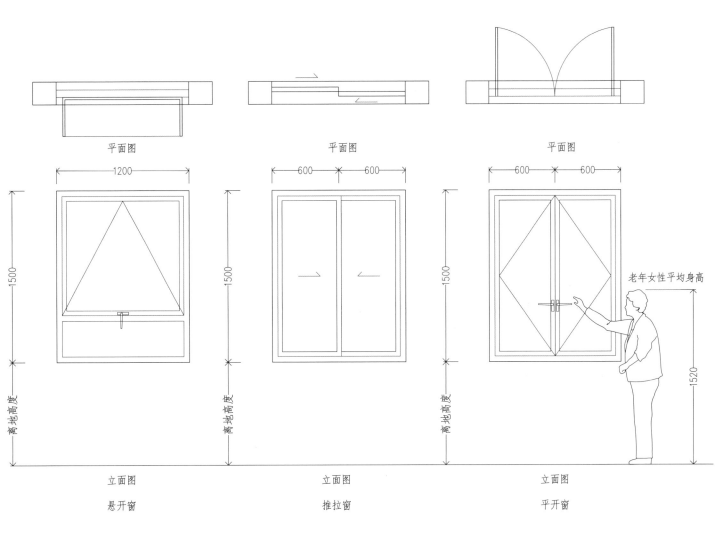

常见窗户形式

为了便于老年人开关窗，使用悬开窗与推拉窗时不宜外开。

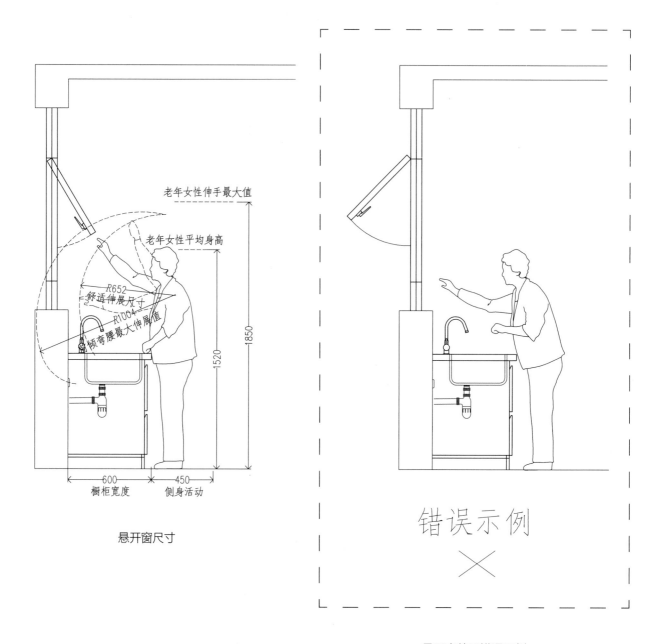

老年女性伸手最大值

老年女性平均身高

R652
舒适伸展尺寸

R1004
倾弯腰最大伸展值

1850

1520

600
橱柜宽度

450
侧身活动

悬开窗尺寸

错误示例
×

悬开窗外开错误示例

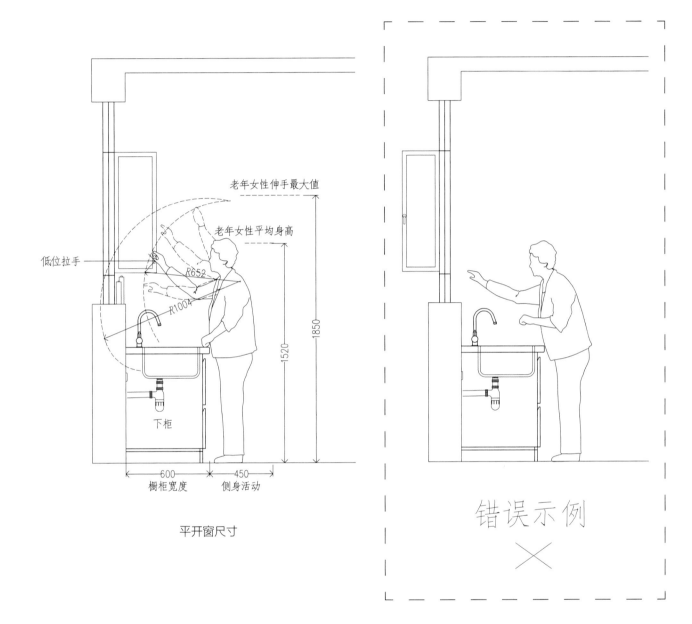

老年女性伸手最大值

老年女性平均身高

低位拉手

R652

R1004

1850

1520

下柜

600 450
橱柜宽度 侧身活动

平开窗尺寸

错误示例
×

平开窗外开错误示例

飘窗不方便老年人开关，故老年人卧室内不应设置飘窗。

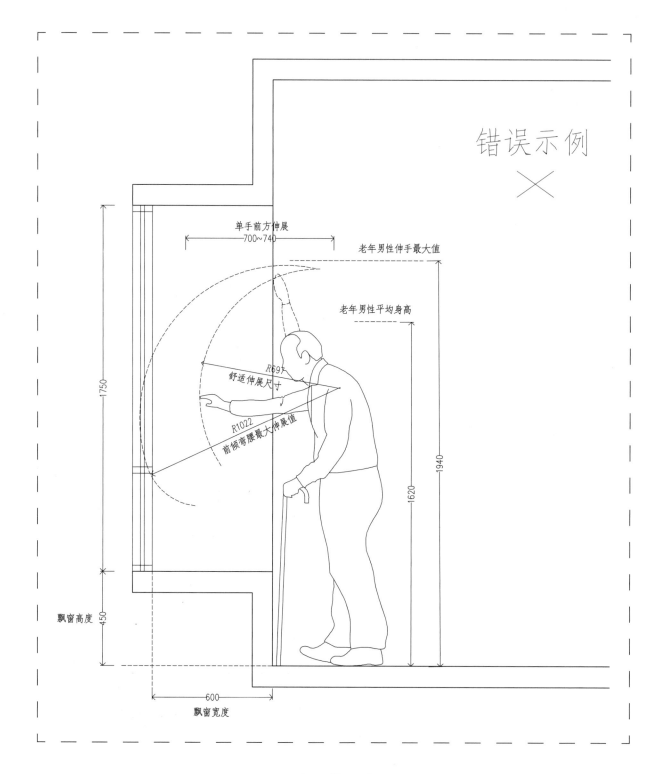

飘窗设置错误示例

3.9 其他

3.9.1 小区入口

（1）扶手尺寸

小区入口楼梯应安装扶手，扶手高度应为 900 mm，扶手应往外延伸 300 mm。

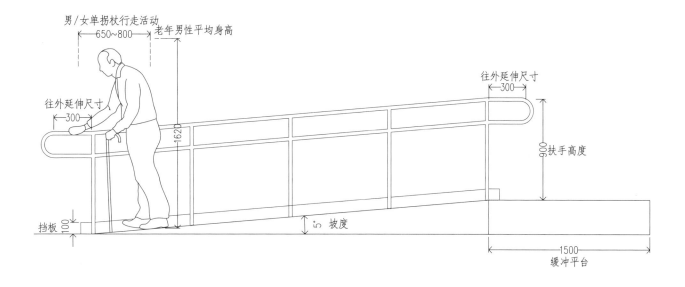

小区入口楼梯扶手尺寸

（2）台阶尺寸

台阶踏步宽度不宜小于300 mm，踏步高度不宜大于150 mm，踏步宽度和高度应均匀一致。

三个台阶以上需要设置连续的扶手。

根据《民用建筑设计统一标准》GB 50352—2019的规定，老年人建筑楼梯踏步尺寸不应超过下表规定：

楼梯类别		最小宽度	最大高度	坡度
老年人建筑楼梯	住宅建筑楼梯	300 mm	150 mm	26.57°
	其他建筑楼梯	320 mm	130 mm	22.11°

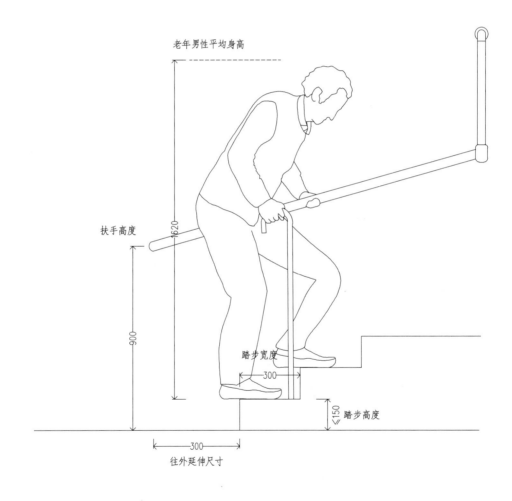

住宅建筑楼梯踏步规范尺寸

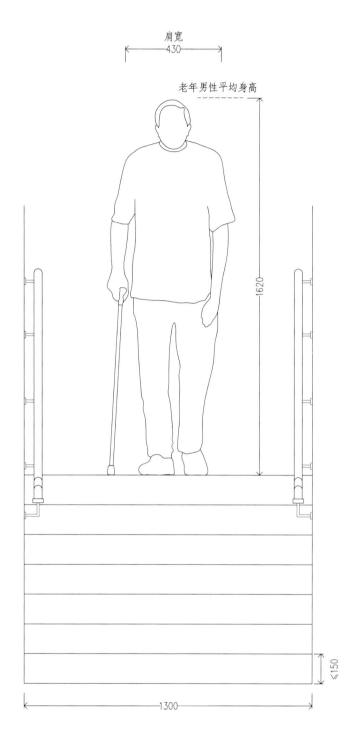

肩宽
430

老年男性平均身高

1620

≤150

1300

其他建筑楼梯踏步规范尺寸

3.9.2 小区花园通道

花园内不应设置汀步通道和凹凸不平的鹅卵石通道，以防老年人跌倒。

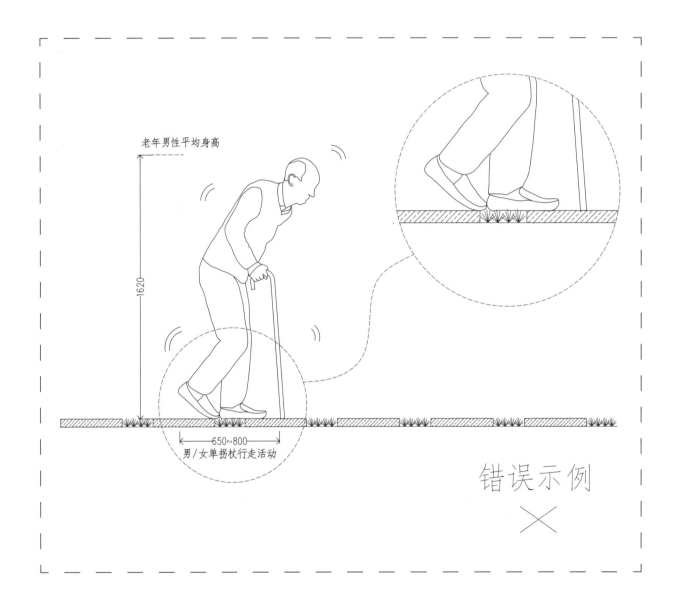

汀步通道错误示例

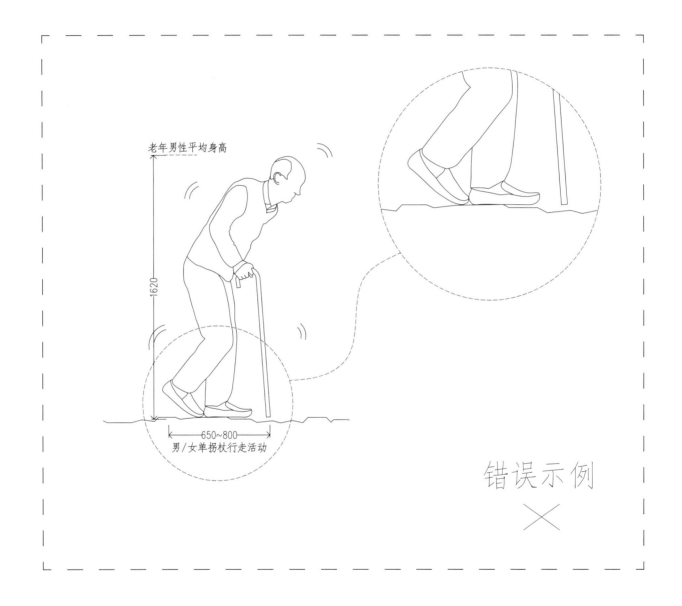

老年男性平均身高

1620

650~800
男/女单拐杖行走活动

错误示例
×

凹凸不平的通道错误示例

3.9.3 入户门厅

入户门厅不应设置旋转门，老年人行走缓慢，容易被旋转门推倒。

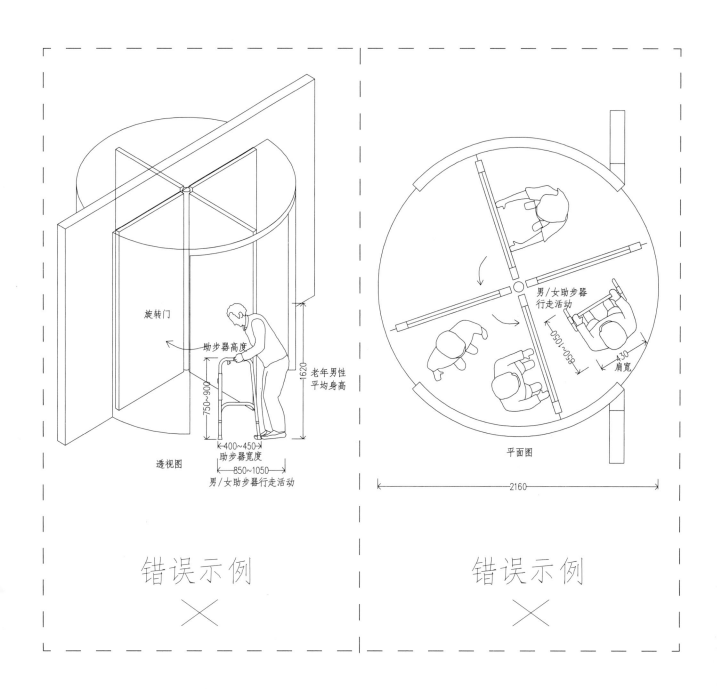

旋转门设置错误示例

入户门厅不宜使用回弹力度大的弹簧门，老年人力气较小，力度大的弹簧门不容易开启。

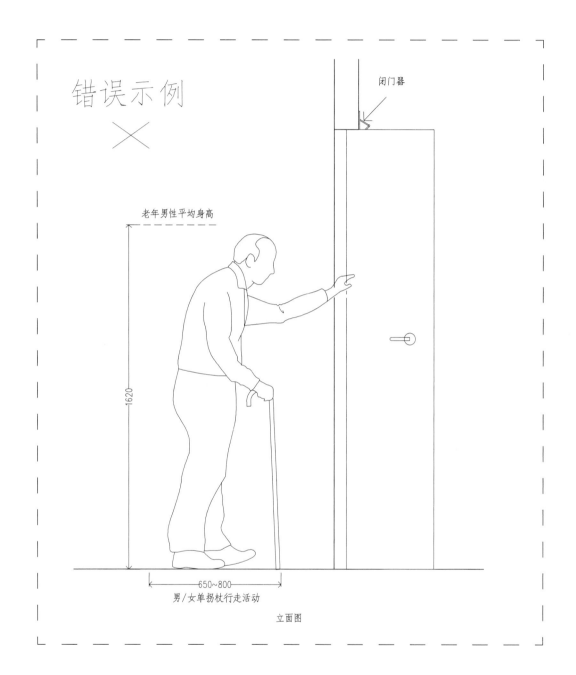

错误示例 ✕

闭门器

老年男性平均身高

1620

650~800

男/女单拐杖行走活动

立面图

弹簧门设置错误示例（一）

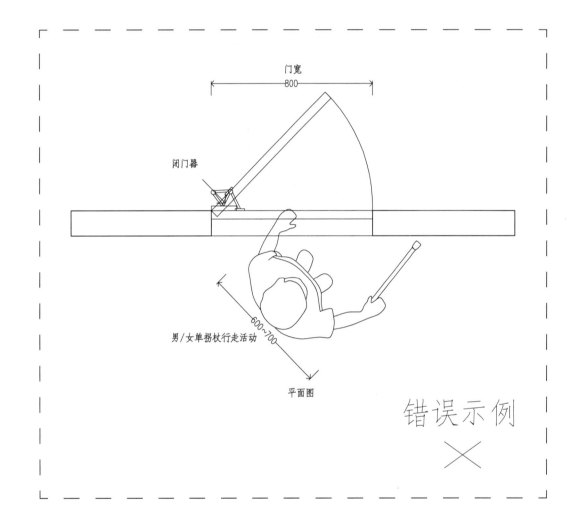

门宽
800

闭门器

男/女单拐杖行走活动

600~700

平面图

错误示例
×

弹簧门设置错误示例（二）

第三部分

轮椅老年人

4 辅助工具尺寸指引

4.1 辅助工具及活动尺寸

4.1.1 普通轮椅常见尺寸

普通轮椅长度宜为1067 mm，宽度宜为635 mm，座椅高度宜为495 mm，扶手高度宜为745 mm，总高度宜为915 mm。

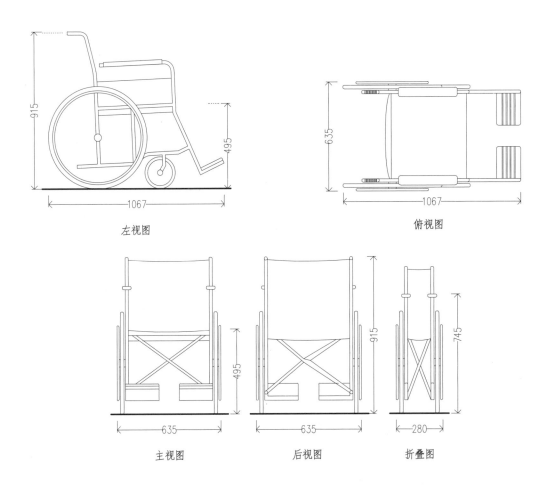

左视图　　　　　　　　　　　　　俯视图

主视图　　　　　后视图　　　　折叠图

普通轮椅尺寸

扶手缩短型轮椅是指把普通轮椅的扶手往下调低一段，更适合一些低矮台面使用。

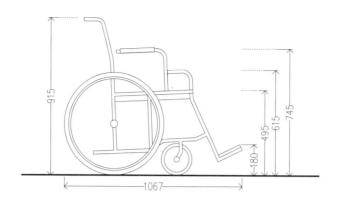

扶手缩短型轮椅尺寸

4.1.2 电动轮椅常见尺寸

电动轮椅长度宜为1040 mm，宽度宜为620 ~ 665 mm，座椅高度宜为545 mm，扶手高度宜为815 mm，总高度宜为900 ~ 1100 mm。

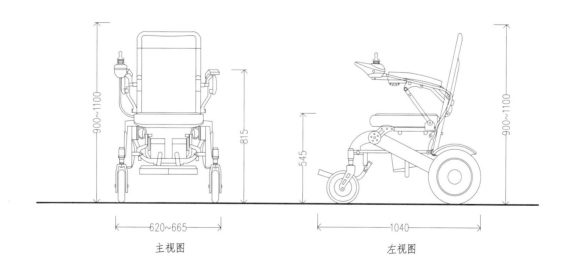

主视图   左视图

电动轮椅尺寸

4.1.3 普通轮椅活动尺寸

普通轮椅在住宅空间中的活动尺寸如下图所示。

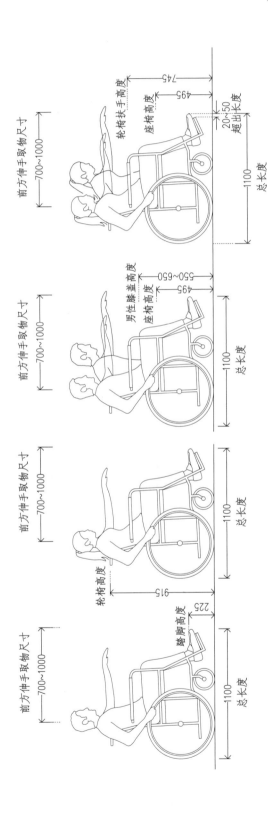

普通轮椅活动尺寸

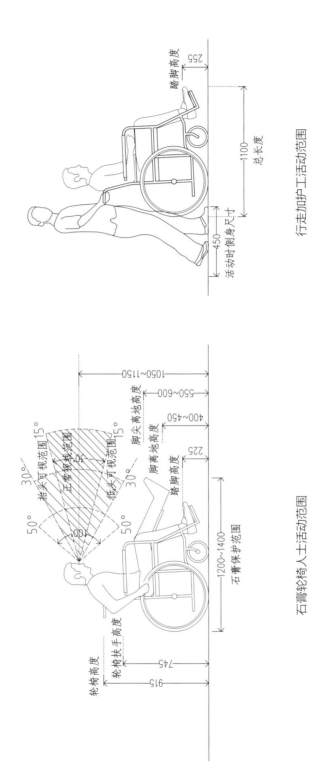

石膏轮椅人士活动范围

行走加护工活动范围

4.1.4 普通轮椅行走尺寸

以常见轮椅尺寸为参考，轮椅宽度一般为635 mm，轮子宽度一般为600 mm。

（1）人力行走尺寸

普通轮椅人力行走尺寸宜为800 mm。

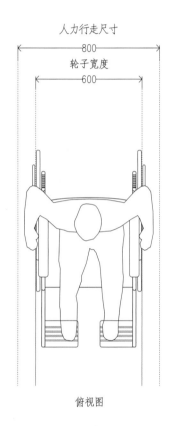

俯视图

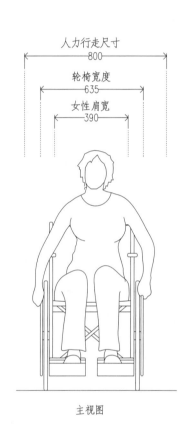

主视图

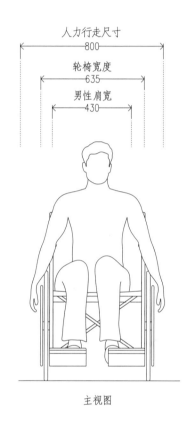

主视图

普通轮椅人力行走尺寸

注：人力行走指轮椅人士自己推动轮椅前进。辅助行走指轮椅人士需他人辅助推动轮椅前进。

（2）辅助行走尺寸

普通轮椅辅助行走尺寸宜为 750 mm。

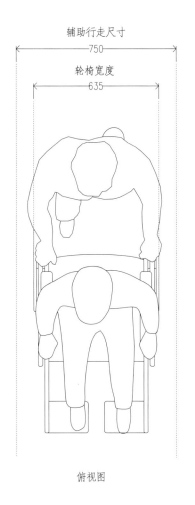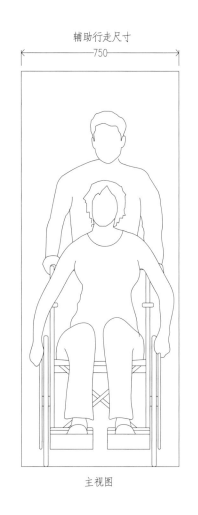

俯视图   主视图

普通轮椅辅助行走尺寸

4.1.5 普通轮椅转弯尺寸

（1）人力行走转弯尺寸

普通轮椅人力行走最小转弯尺寸为 1300 mm。

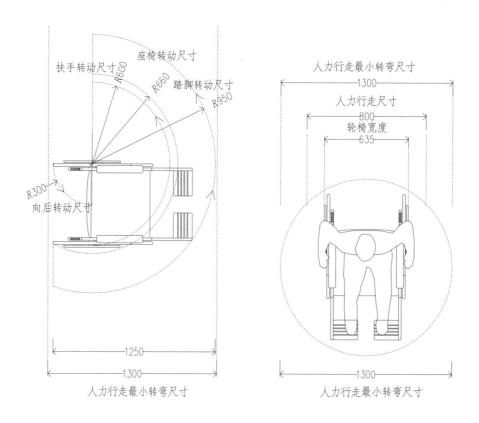

人力行走转弯尺寸

（2）辅助行走转弯尺寸

普通轮椅辅助行走最小转弯尺寸为1500 mm。

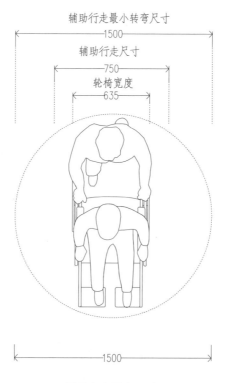

辅助行走转弯尺寸

4.1.6　两侧伸手取物极限值

坐立侧边伸手取物尺寸为700 mm，弯腰侧边伸手取物尺寸为880 mm。

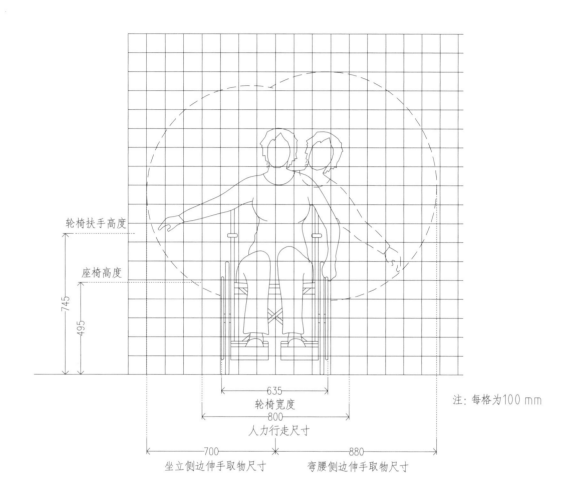

两侧伸手取物立面极限值

后方坐立伸手取物极限值为270 mm，前方坐立伸手取物极限值为553 mm。

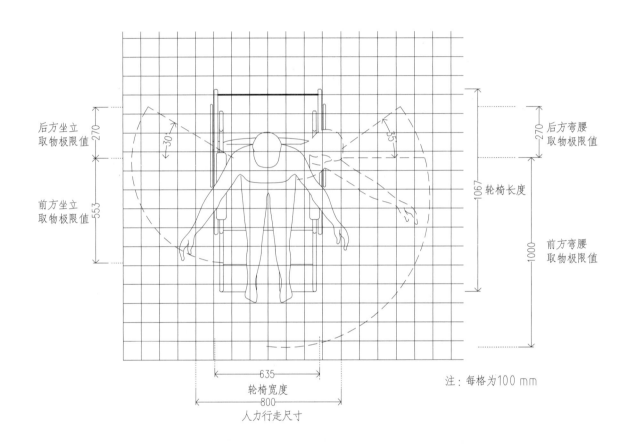

两侧伸手取物平面极限值

4.1.7　前方伸手取物极限值

前方坐立伸手取物尺寸为700 mm，前方弯腰伸手取物尺寸为1000 mm。

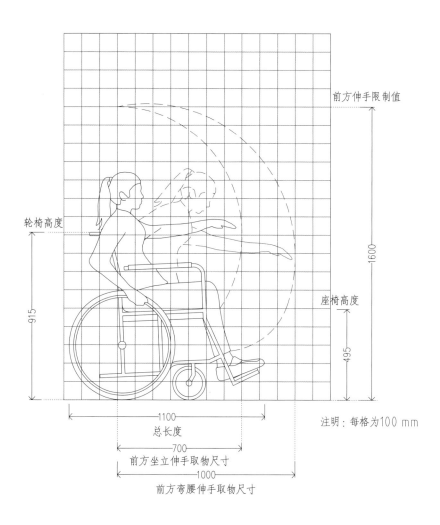

轮椅高度

915

前方伸手限制值

1600

座椅高度

495

注明：每格为100 mm

1100
总长度

700
前方坐立伸手取物尺寸

1000
前方弯腰伸手取物尺寸

前方伸手取物尺寸

4.1.8 坐立视平线

普通人正常视线范围如下图所示。

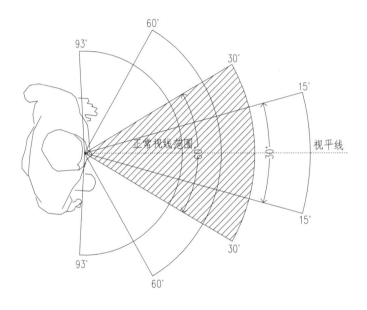

正常视线平面范围

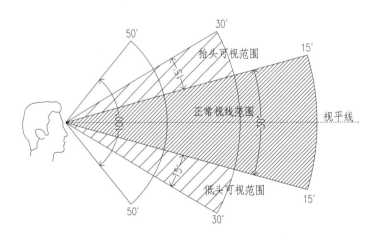

正常视线侧面范围

轮椅老年人视线范围如下图所示。

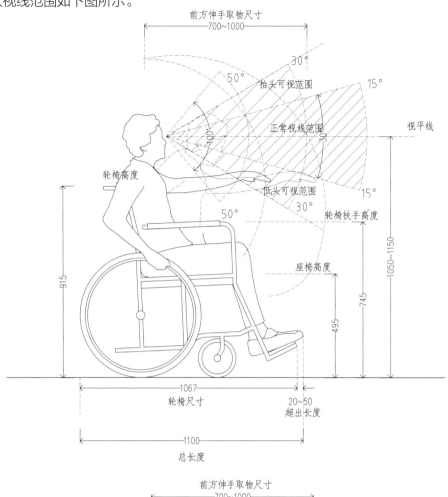

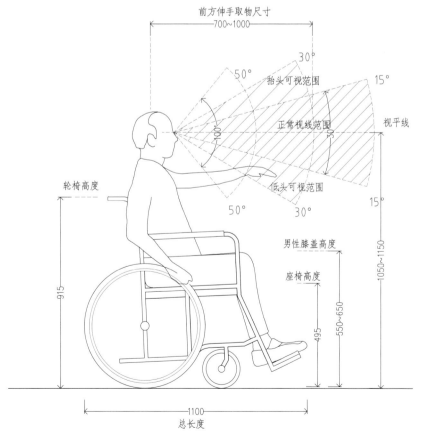

轮椅老年人视线范围

轮椅老年人坐立视平线高度为1050～1150 mm。

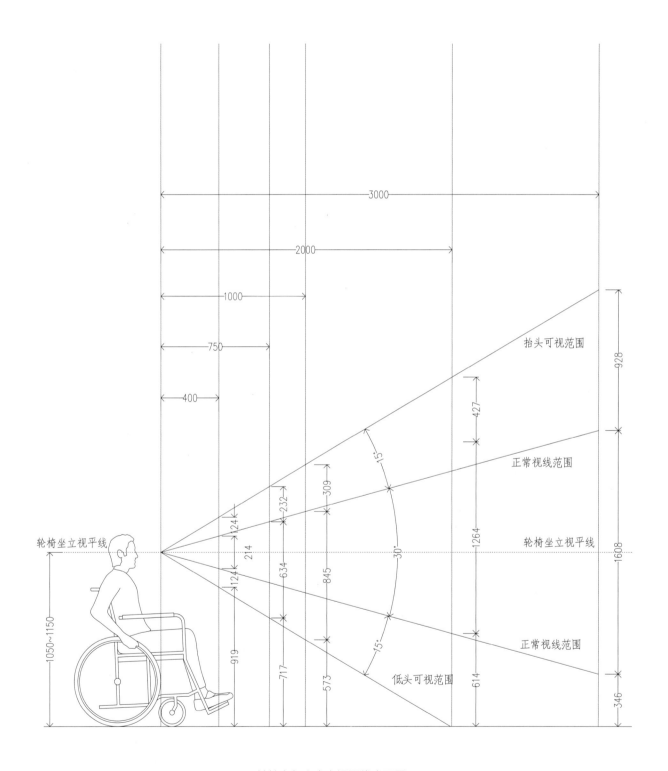

轮椅老年人坐立视平线立面图

4.1.9 轮椅转弯通道

（1）住宅平面轮椅活动尺寸

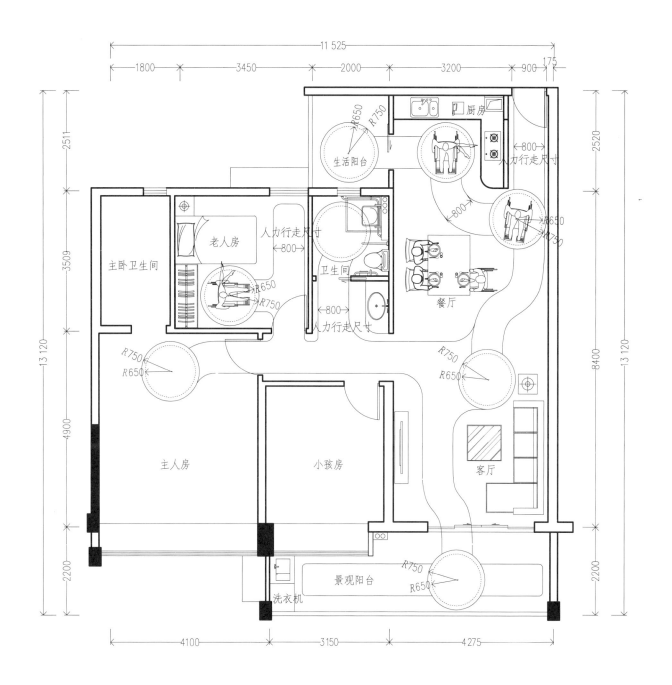

住宅平面轮椅活动尺寸

（2）90°通道转弯尺寸

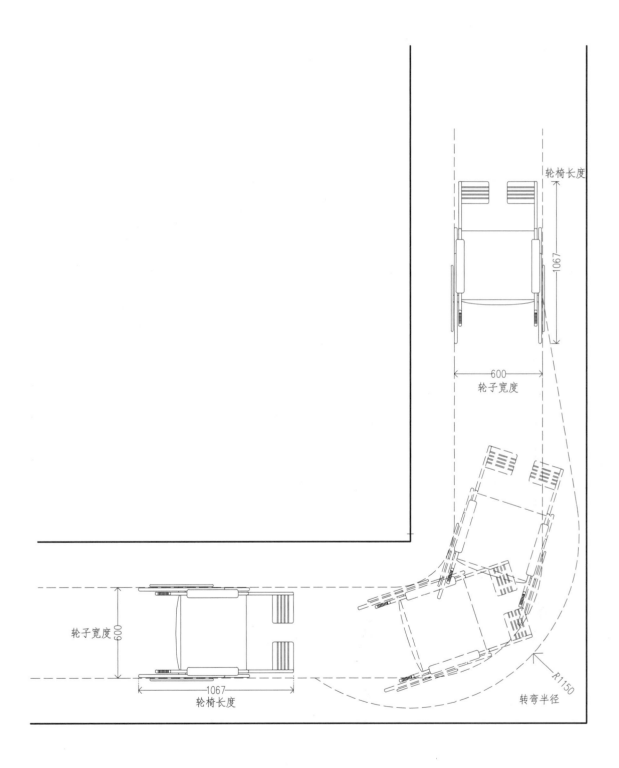

轮椅长度

1067

600

轮子宽度

轮椅长度

1067

轮子宽度

600

转弯半径

R1150

90°通道转弯尺寸

（3）180°通道转弯尺寸

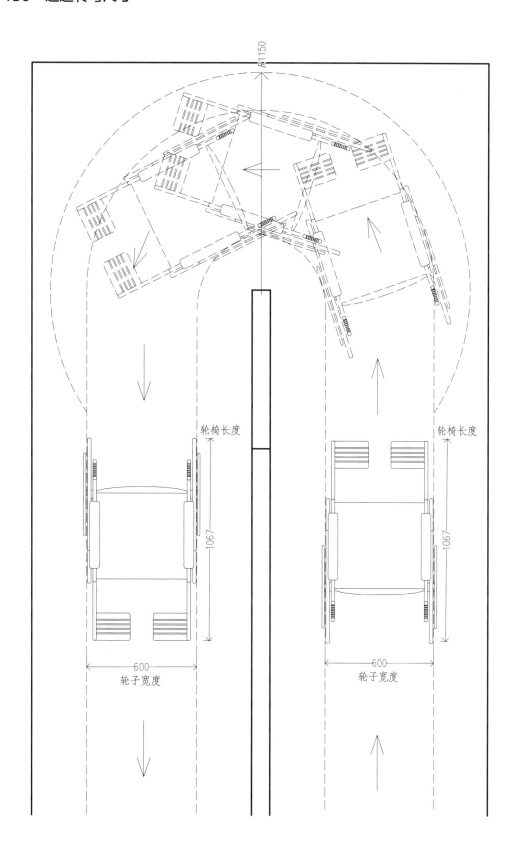

180°通道转弯尺寸

4.2 轮椅人士取物尺寸

（1）侧边单臂伸展尺寸

轮椅人士侧边单臂伸展尺寸为450 mm，侧边单臂伸展尺寸极限值为550 mm。

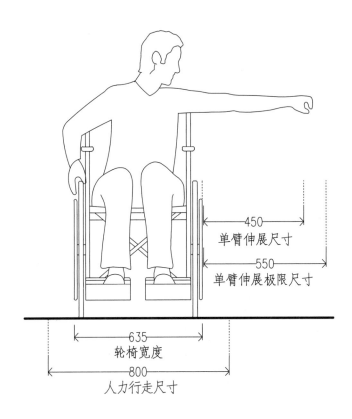

侧边单臂伸展尺寸

（2）取物极限值

轮椅人士取物极限值：最高极限高度为1500 mm，最低极限高度为300 mm。

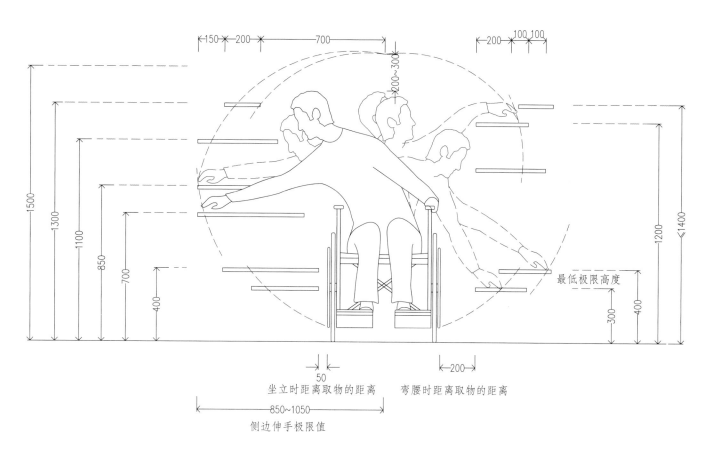

伸手极限值

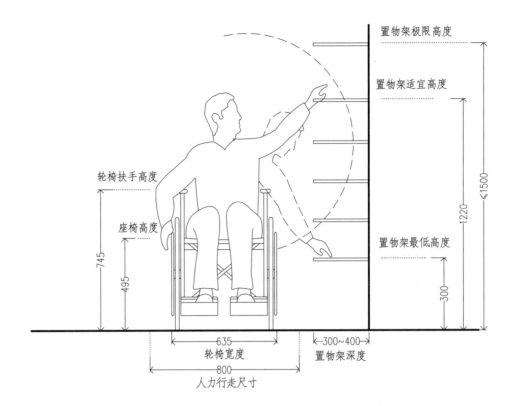

置物架极限高度

置物架适宜高度

≤1500

1220

置物架最低高度

轮椅扶手高度

座椅高度

745

495

300

635
轮椅宽度

800
人力行走尺寸

300~400
置物架深度

置物架适宜值

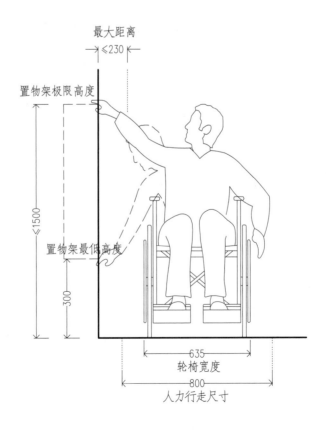

最大距离

≤230

置物架极限高度

≤1500

置物架最低高度

300

635
轮椅宽度

800
人力行走尺寸

取物极限值

（3）取物适宜值

轮椅人士取物适宜值：最高适宜高度为1200 mm，最低适宜高度为400 mm。

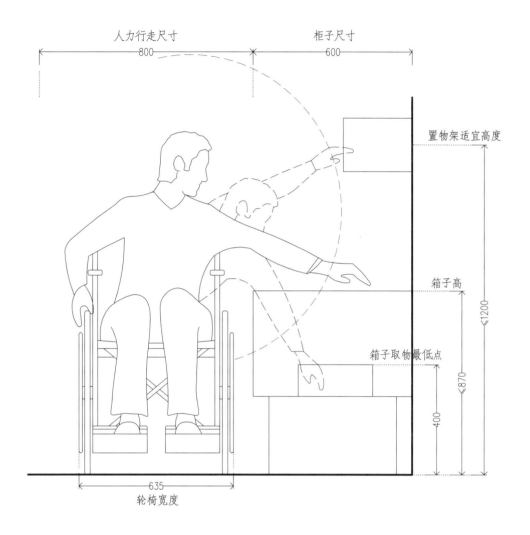

取物适宜值

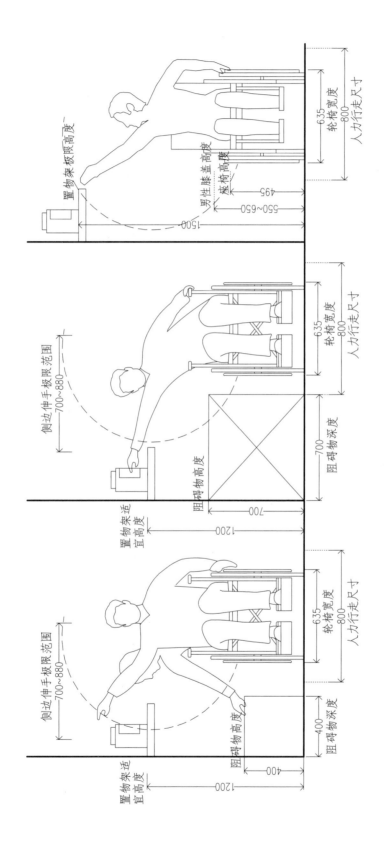

侧身取物适宜值

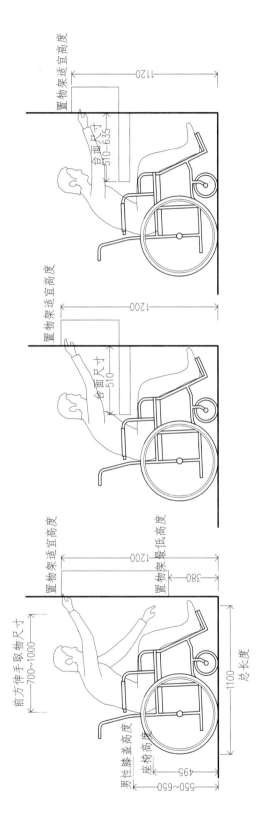

正面取物适宜值

5 公共活动空间

5.1　过道及门厅

5.1.1　过道尺寸

入门通道最小宽度为1200 mm。

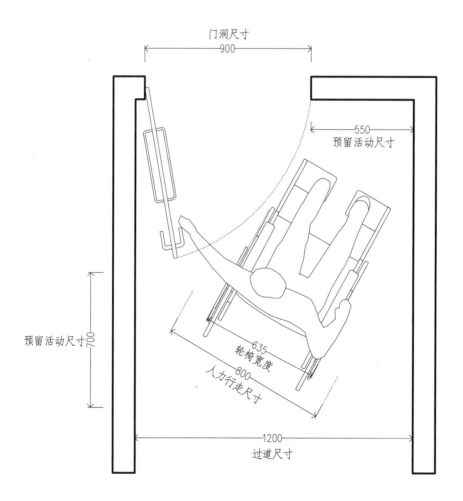

过道尺寸

5.1.2 玄关预留尺寸

玄关预留尺寸：长度不小于1500 mm，宽度宜为1200 mm。

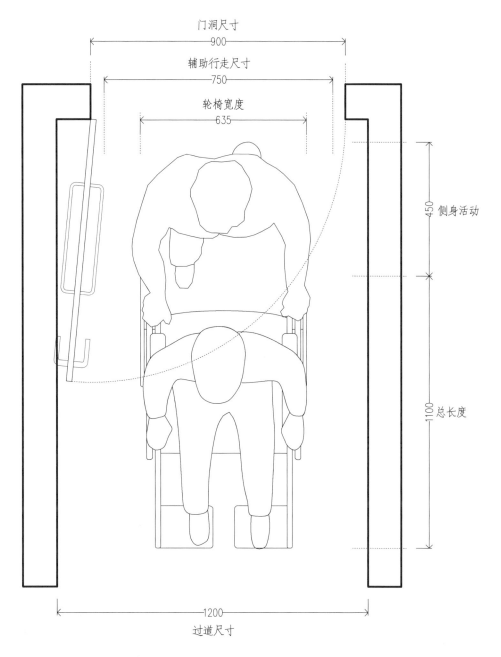

玄关预留尺寸（一）

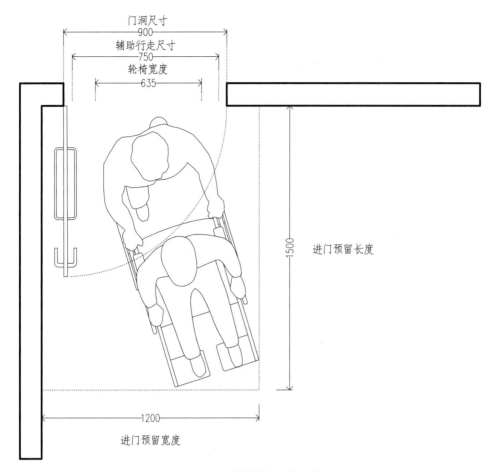

门洞尺寸
900

辅助行走尺寸
750

轮椅宽度
635

1500
进门预留长度

1200
进门预留宽度

玄关预留尺寸（二）

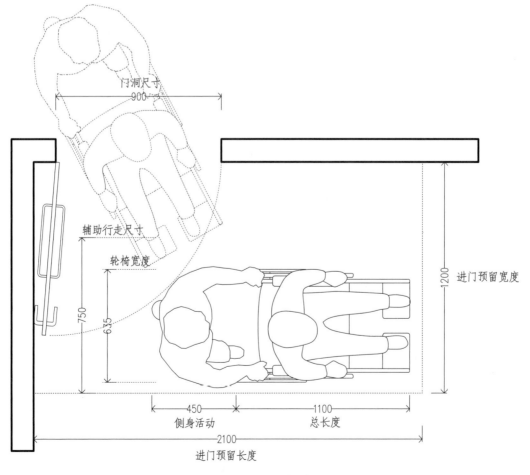

门洞尺寸
900

辅助行走尺寸

轮椅宽度

1200
进门预留宽度

750

635

450
侧身活动

1100
总长度

2100
进门预留长度

玄关预留尺寸（三）

5.1.3 室内门洞预留转弯尺寸

人力行走最小转弯尺寸为1300 mm，辅助行走最小转弯尺寸为1500 mm。

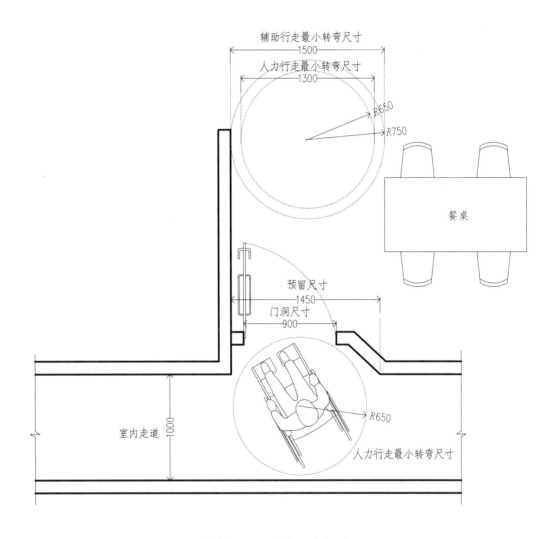

室内门洞预留转弯尺寸（一）

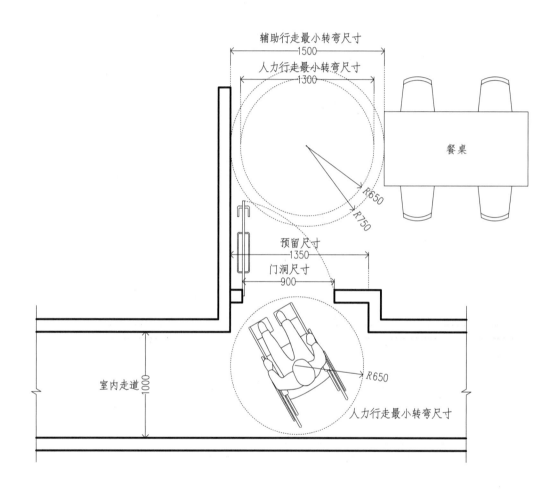

室内门洞预留转弯尺寸（二）

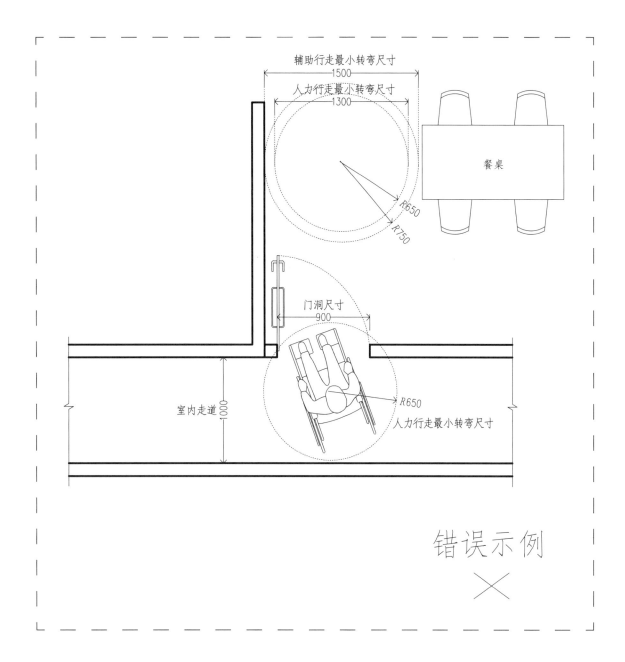

辅助行走最小转弯尺寸
1500

人力行走最小转弯尺寸
1300

R650

R750

餐桌

门洞尺寸
900

室内走道 1000

R650
人力行走最小转弯尺寸

错误示例
×

室内门洞无预留转弯尺寸错误示例

5.1.4 门及配件尺寸

门上安全扶手安装高度为800 mm。

门把手安装高度为900 mm。

可视对讲器的安装高度为1100 mm。

门镜安装高度为1050 ~ 1150 mm。

金属护门板的安装高度为350 mm。

门洞尺寸大于或等于900 mm。

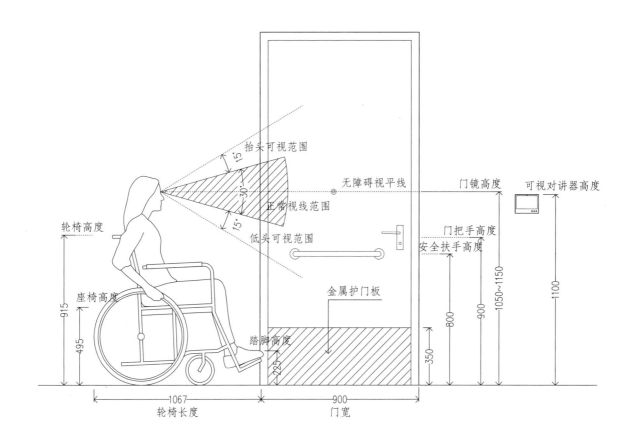

门及配件尺寸

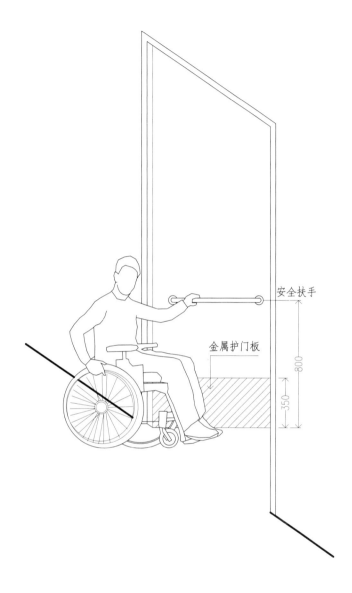

安全扶手

金属护门板

800

350

无障碍金属护门板高度立面尺寸

5.2 客厅

客厅中的沙发摆放区应预留轮椅停放位置，轮椅停放区域应设回转空间，人力行走最小转弯尺寸为 1300 mm。

轮椅停放区域宜正对或侧对电视。

客厅沙发区不宜设置地毯。

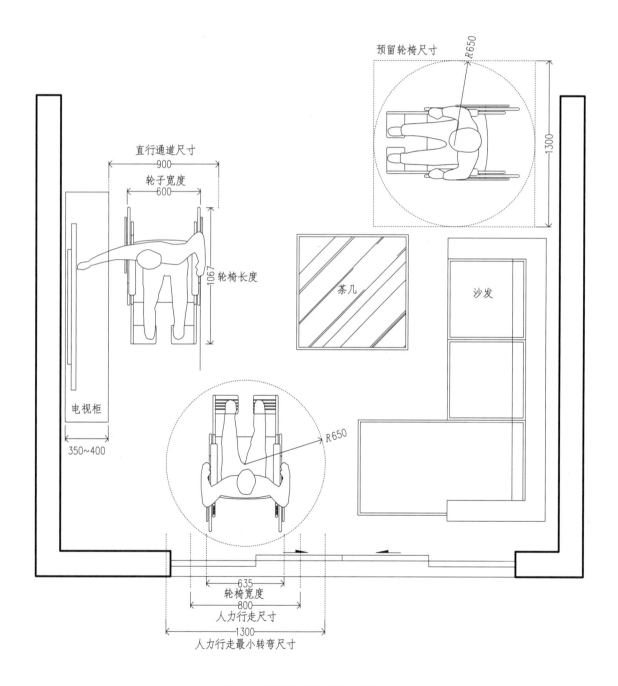

沙发摆放区预留设轮椅停放位置及尺寸

5.3　书房

5.3.1　小型书房

（1）小型书房尺寸

小型书房中，书房门宽不应小于900 mm。书房内需预留轮椅人士人力行走的最小转弯尺寸为1300 mm。

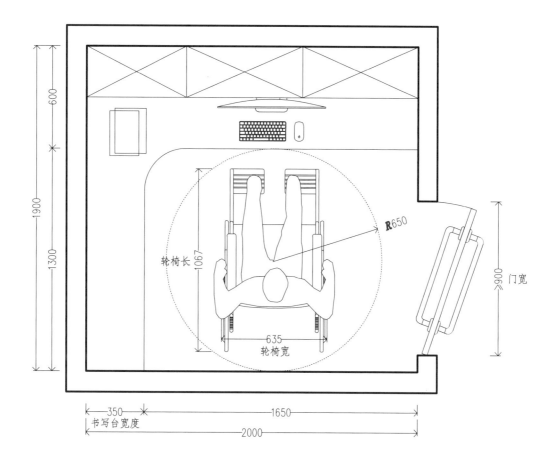

小型书房尺寸

（2）小型书房书写台及轮椅空间尺寸

书写台尺寸：

书写台深度宜为600 ~ 1000 mm，高度宜为750 mm。

书写台下宜留出宽750 mm、高650 mm、深450 mm的空间供轮椅人士膝部和足尖部活动。

书桌置物架极限高度为1500 mm。

轮椅空间尺寸：

轮椅踏脚高度宜为225 mm。

轮椅后退预留尺寸宜为650 mm。

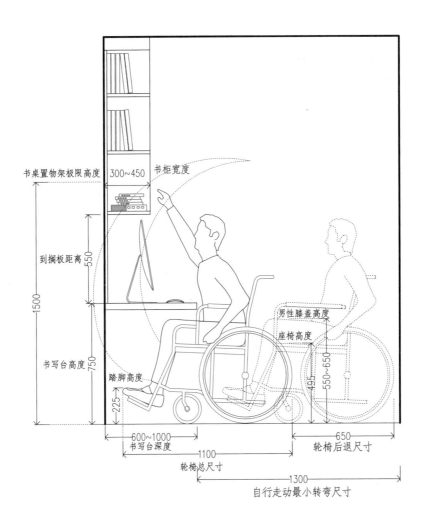

书写台及轮椅空间尺寸

5.3.2 大型书房

（1）大型书房尺寸

书房门宽不应小于900 mm。

书房内的通道宽不应小于1000 mm，需预留的人力行走最小转弯尺寸为1300 mm，应满足人力行走的空间尺寸需求。

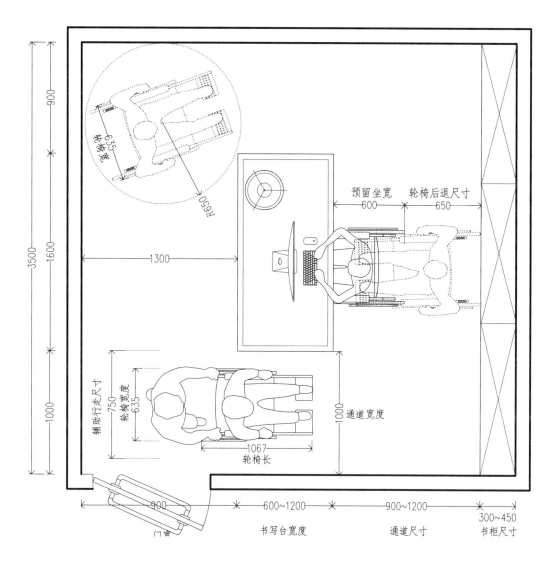

大型书房尺寸

（2）大型书房书写台及轮椅空间尺寸

书写台深度宜为 600~1000 mm，高度宜为 750 mm。

轮椅坐宽宜为 600 mm，轮椅后退预留尺寸宜为 650 mm。

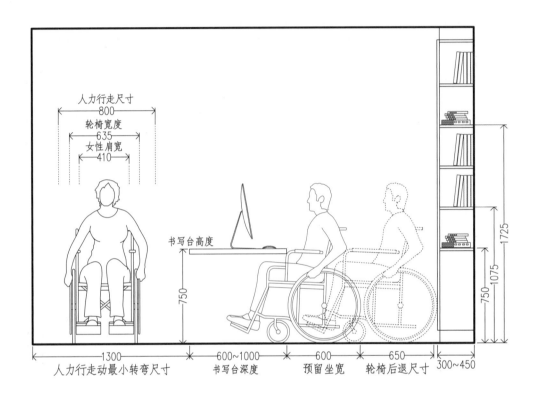

大型书房书写台及轮椅空间尺寸

6 烹饪膳食空间

6.1 厨房

6.1.1 厨房空间尺寸

厨房中的烹饪区、清洗区、制作区下方均需预留腿部摆放的空间，供轮椅者膝部和足尖部移动。
整个厨房地面均需采用防滑地砖。

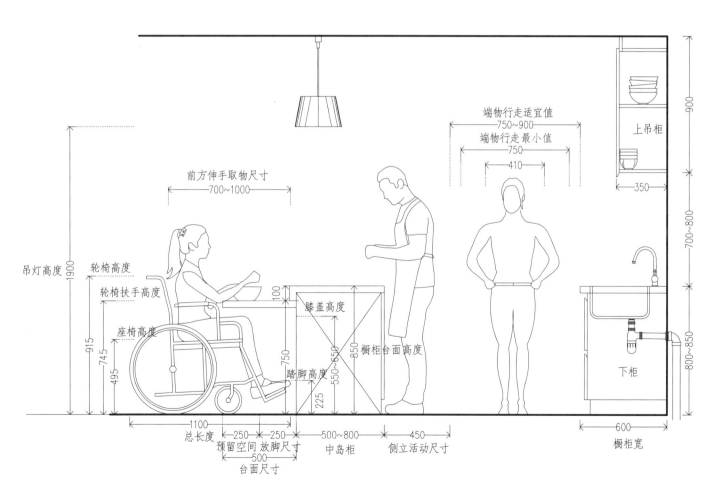

开放式厨房立面尺寸

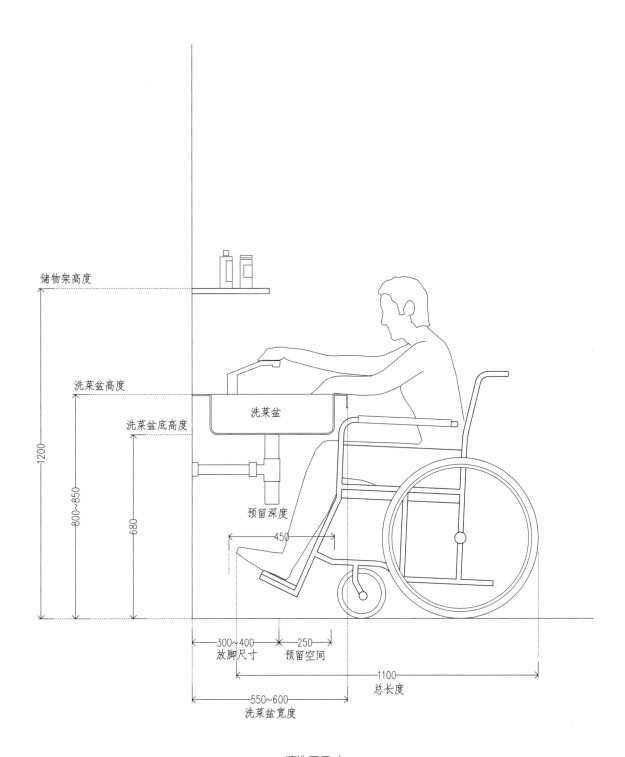

储物架高度

洗菜盆高度

洗菜盆底高度

1200

800~850

680

洗菜盆

预留深度

450

300~400
放脚尺寸

250
预留空间

1100
总长度

550~600
洗菜盆宽度

清洗区尺寸

6.1.2　橱柜安装尺寸

轮椅人士取物极限值为1500 mm，所以不宜设置过高的上橱柜。橱柜下柜宜采用转动式储物柜。

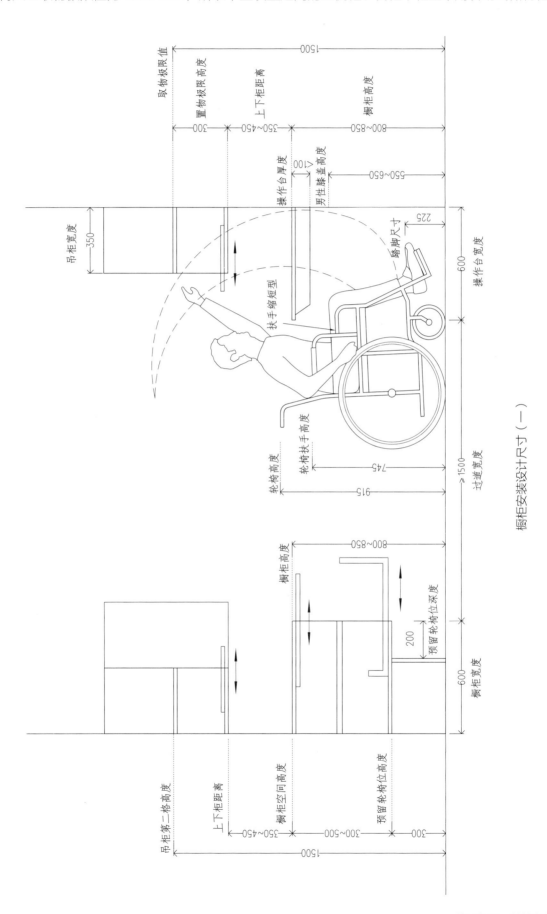

橱柜安装设计尺寸（一）

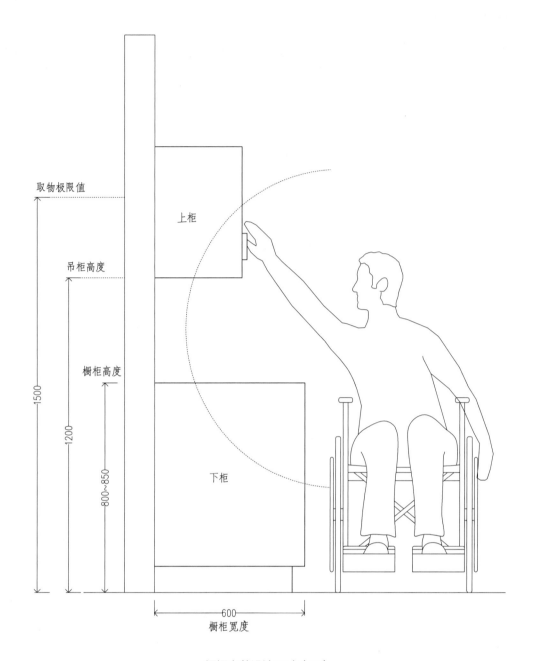

取物极限值

吊柜高度

橱柜高度

上柜

下柜

1500

1200

800~850

600

橱柜宽度

橱柜安装设计尺寸（二）

6.1.3 吸油烟机安装尺寸

由于吸油烟机的安装高度及开关按钮高度通常设置在1.5 m左右，轮椅人士不能很方便地触碰到，使用不便，所以可通过将吸油烟机的启动开关转移至其他较低位置实现便捷的开启、关闭功能。

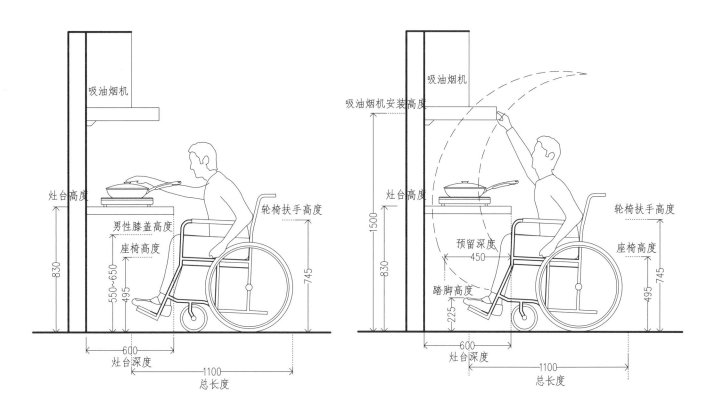

无障碍灶台立面尺寸   吸油烟机安装高度（一）

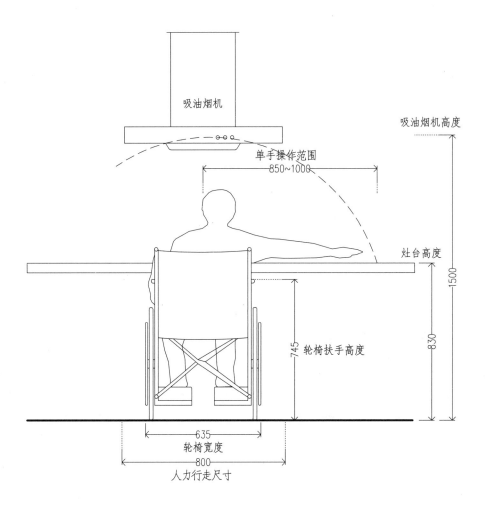

吸油烟机

吸油烟机高度

单手操作范围
850~1000

灶台高度

1500

830

745 轮椅扶手高度

635
轮椅宽度

800
人力行走尺寸

吸油烟机安装高度（二）

6.1.4　厨房操作范围

轮椅人士的厨房操作最佳范围为650 ～ 750 mm，操作极限范围为850 ～ 1000 mm。

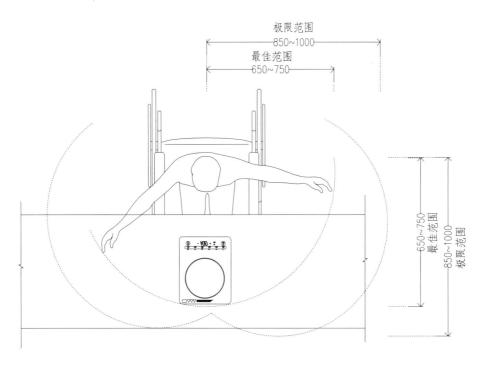

厨房操作范围（一）

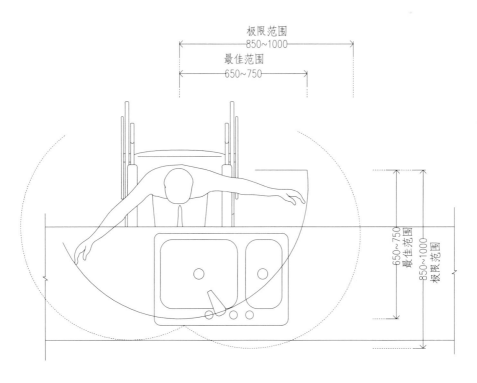

厨房操作范围（二）

6.1.5 微波炉、烤箱安装设计

摆放于台面上的微波炉，其前方应有食物临时放置区，摆放空间纵深不应小于300 mm。

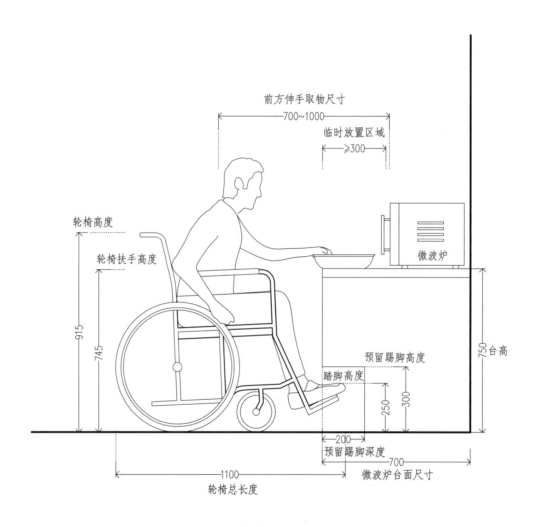

微波炉放置尺寸

对于内嵌式微波炉、烤箱，可设置辅助抽屉，供临时摆放食物。

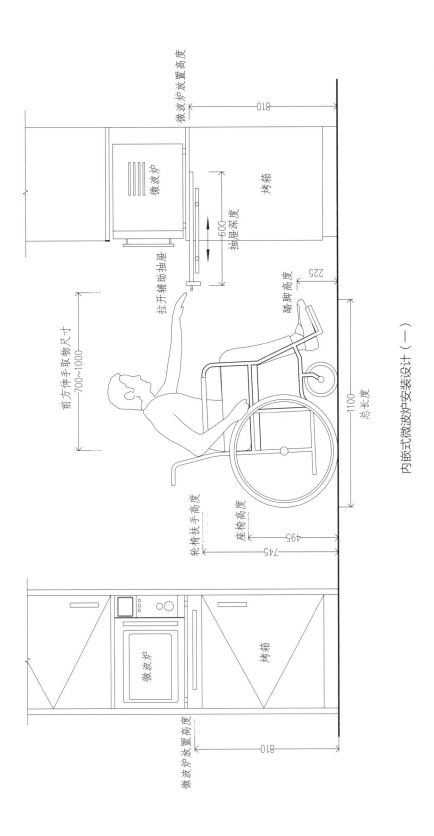

内嵌式微波炉安装设计（一）

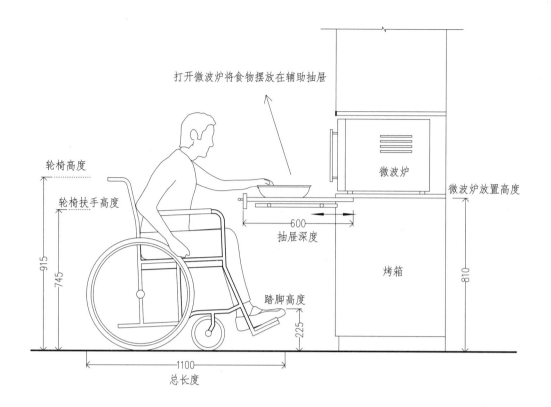

打开微波炉将食物摆放在辅助抽屉

轮椅高度

轮椅扶手高度

915

745

踏脚高度

225

1100

总长度

600

抽屉深度

微波炉

微波炉放置高度

810

烤箱

内嵌式微波炉安装设计（二）

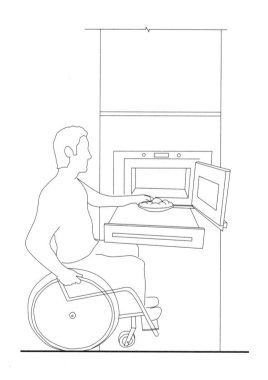

内嵌式微波炉安装设计（三）

6.1.6 冰箱尺寸

供轮椅人士使用的冰箱高度宜为1500 mm以下，方便拿取食物。

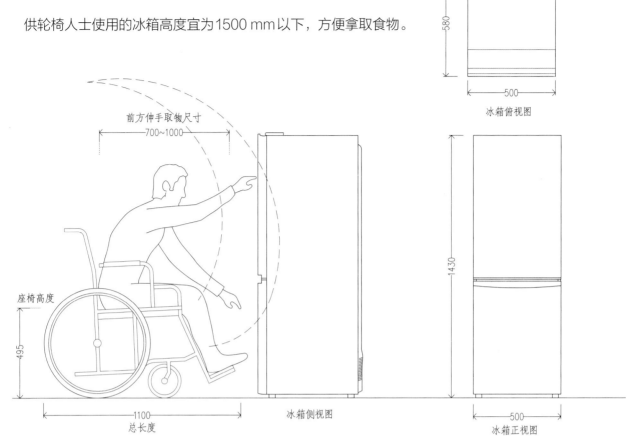

冰箱俯视图

前方伸手取物尺寸
700~1000

座椅高度
495

总长度
1100

冰箱侧视图

冰箱正视图
500

1430

冰箱单体尺寸

前方伸手取物尺寸
700~1000

男性膝盖高度
座椅高度
550~650
495

总高度
1430

总长度
1100

冰箱拿取尺寸

6.1.7　厨房平面设计

轮椅人士的厨房平面设计应预留方便轮椅转弯、进出的空间。

提醒：老年人在烹饪时很容易忘记关火，天然气泄漏又不易察觉，存在着极大的安全隐患，所以若家有老年人尤其是独居的老年人，应在厨房内增加相应的感应报警器。

（1）单边厨房

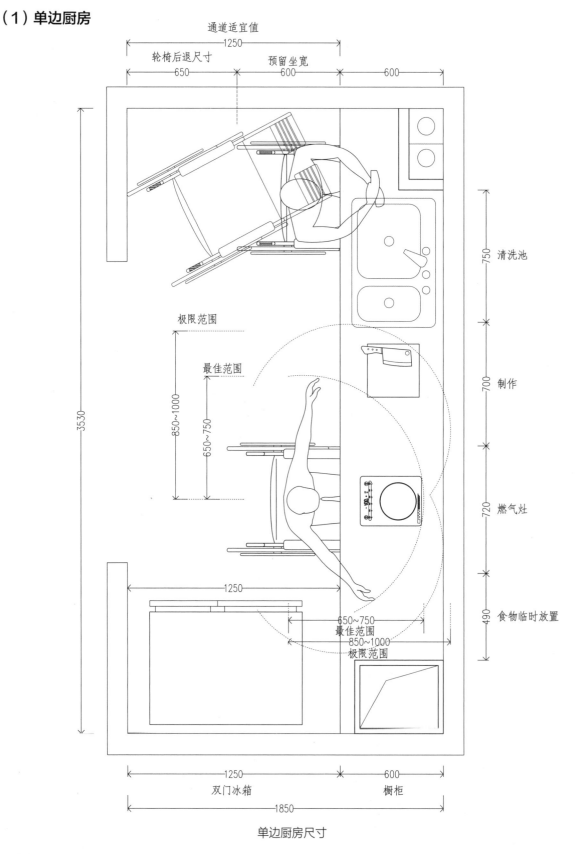

单边厨房尺寸

（2）双边通道式厨房

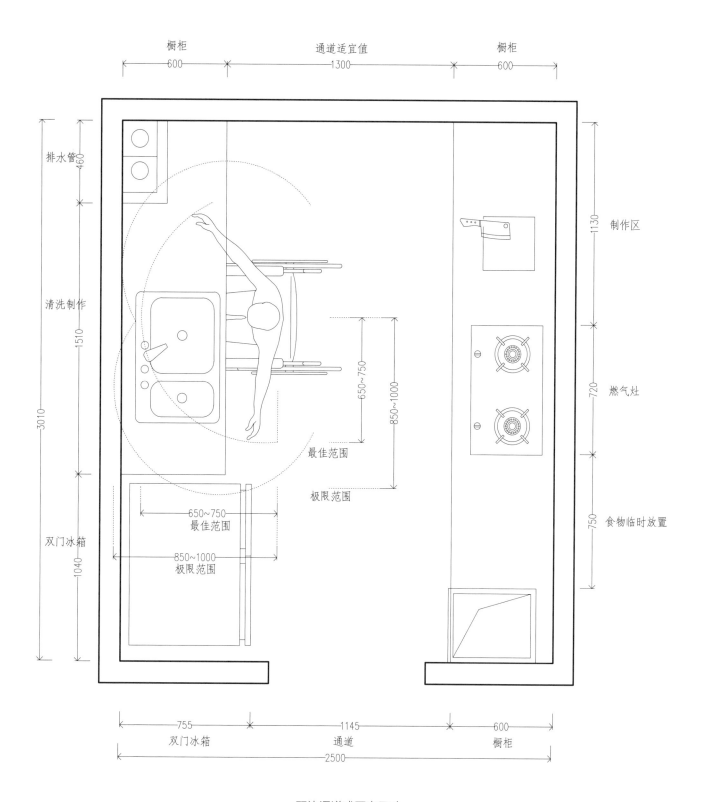

双边通道式厨房尺寸

（3）L形厨房

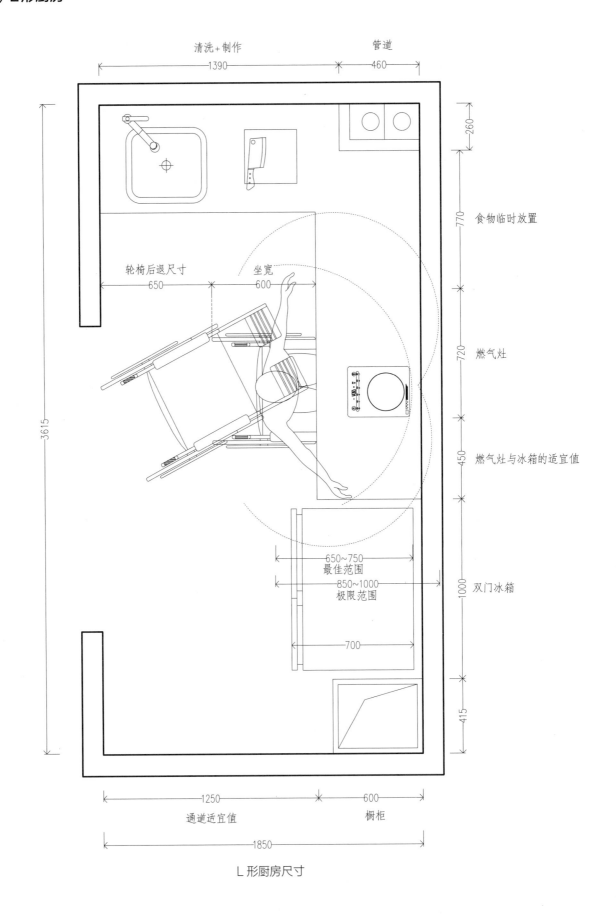

L形厨房尺寸

（4）U形厨房

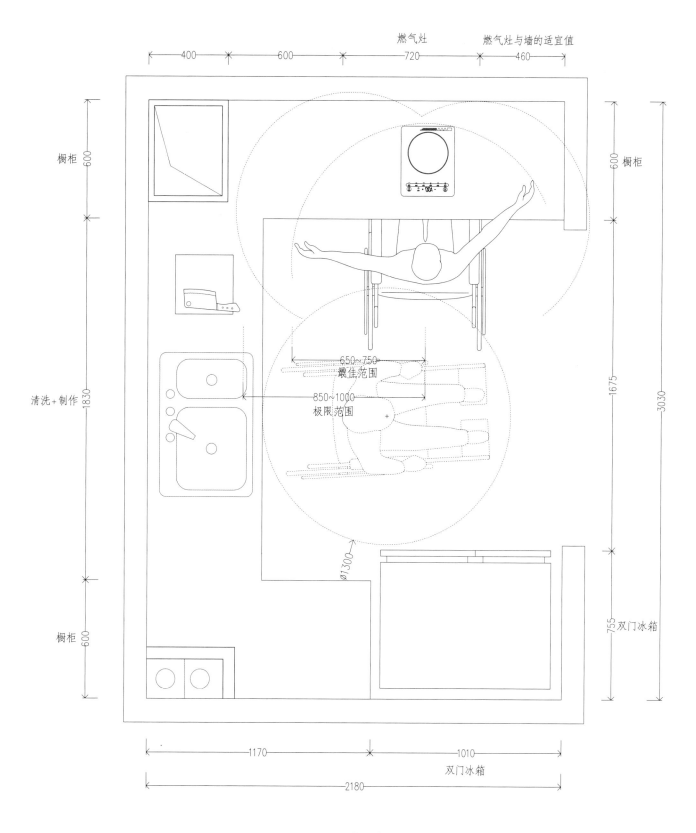

U形厨房尺寸

（5）开放式厨房

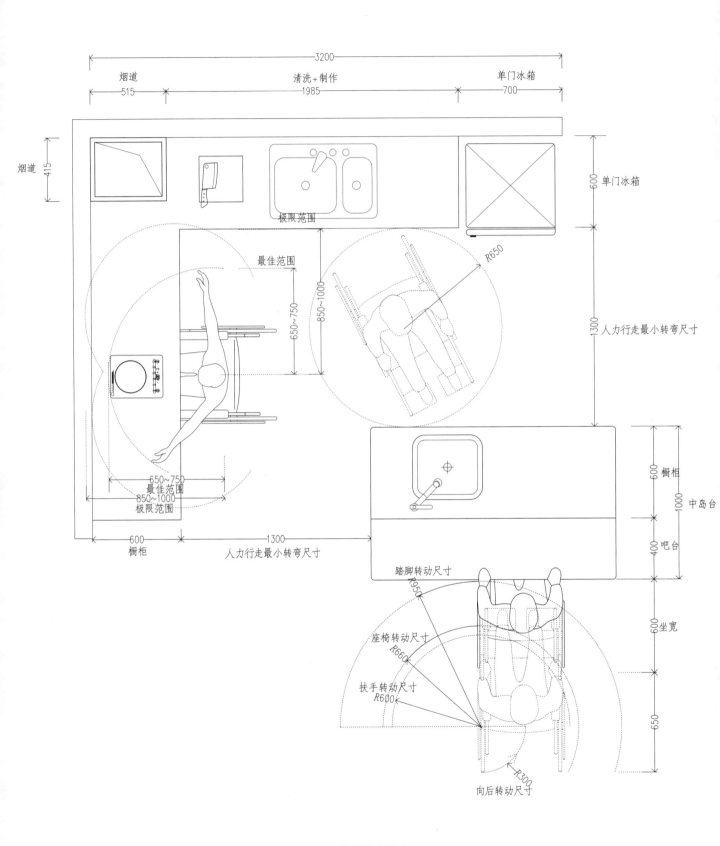

开放式厨房尺寸

6.2 餐厅

6.2.1 坐宽及后退尺寸

轮椅老年人坐宽为600 mm，并需预留650 mm后退尺寸。

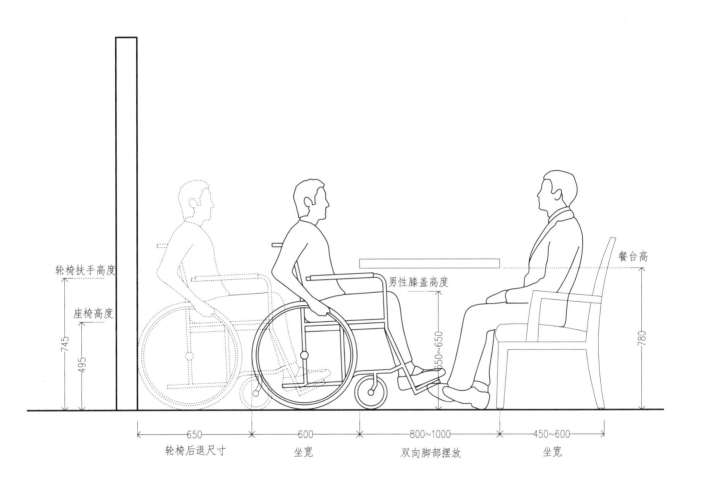

轮椅后退立面尺寸

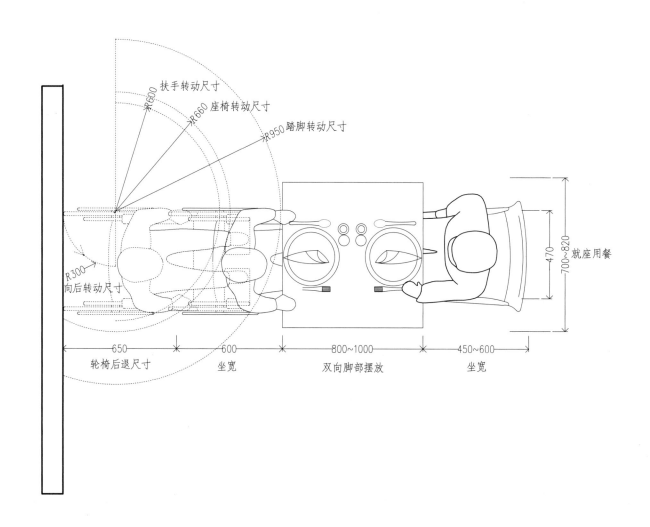

扶手转动尺寸

R600

R660 座椅转动尺寸

R950 踏脚转动尺寸

R300
向后转动尺寸

470

700~820

就座用餐

650
轮椅后退尺寸

600
坐宽

800~1000
双向脚部摆放

450~600
坐宽

轮椅后退平面尺寸

6.2.2 常见扶手轮椅进餐尺寸

普通餐桌高度宜为750 ~ 780 mm，其下部宜留出宽750 mm、高780 mm、深450 mm的空间供坐轮椅者的膝部和足尖部活动。

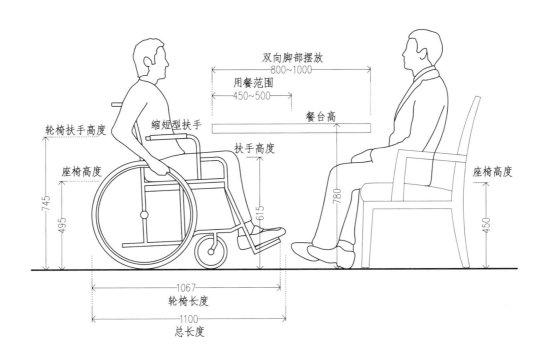

缩短型扶手轮椅立面尺寸

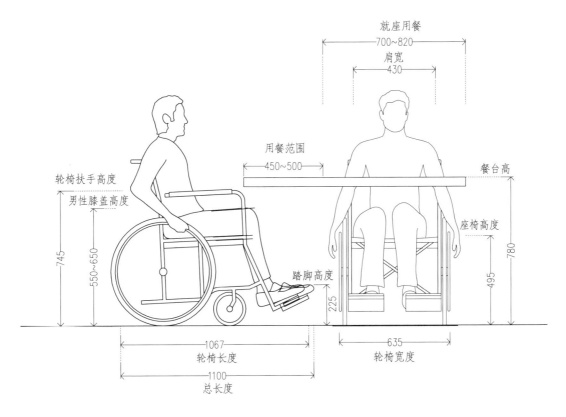

普通扶手轮椅立面尺寸

6.2.3　无障碍餐厅平面尺寸

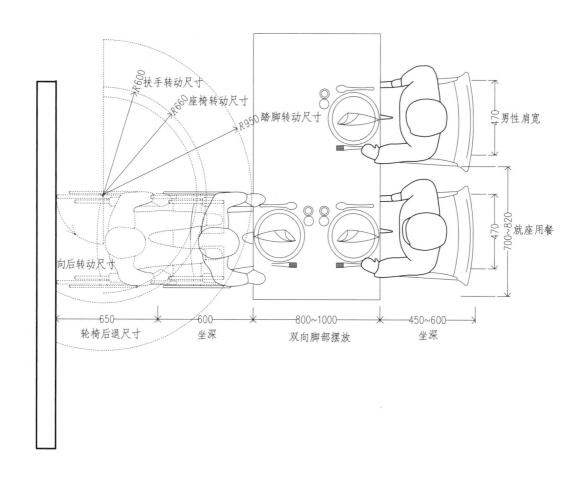

R600 扶手转动尺寸
R660 座椅转动尺寸
R950 踏脚转动尺寸
向后转动尺寸
650 轮椅后退尺寸
600 坐深
800~1000 双向脚部摆放
450~600 坐深
470 男性肩宽
470 就座用餐
700~820

四人长桌尺寸

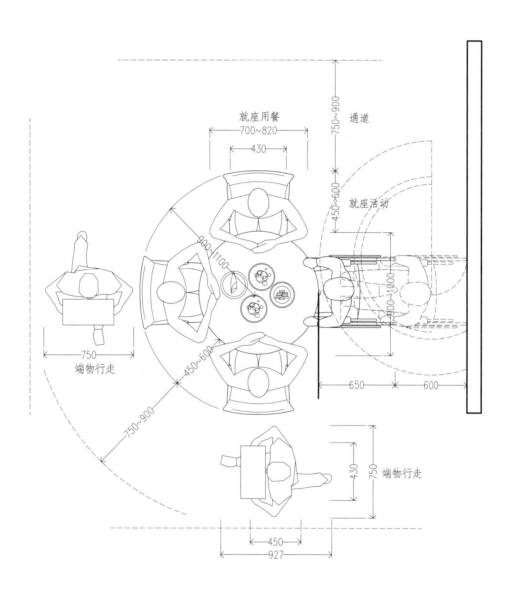

就座用餐
700~820
430
通道
750~900
就座活动
450~600
900~1100
750
端物行走
450~600
750~900
650
600
430
750
端物行走
450
927

四人圆桌尺寸

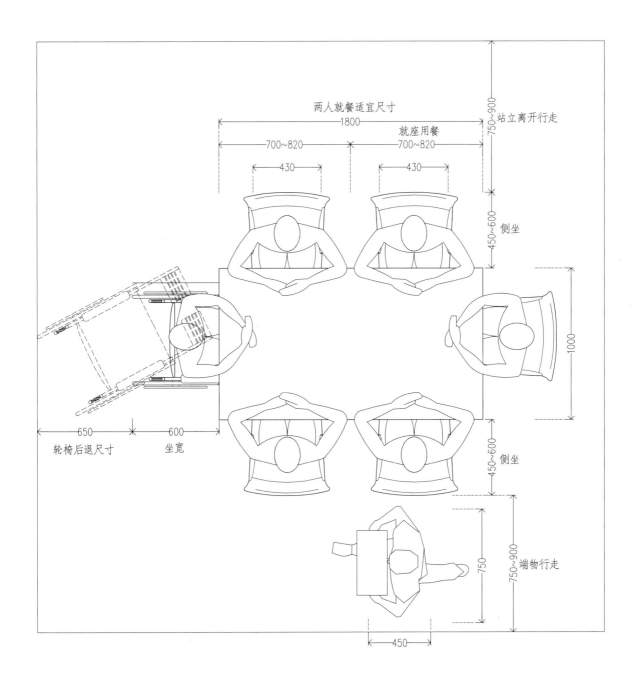

两人就餐适宜尺寸

1800

就座用餐

700~820　　700~820

430　　　　430

站立离开行走 750~900

侧坐 450~600

1000

侧坐 450~600

轮椅后退尺寸 650　　600 坐宽

端物行走 750~900

750

450

六人长桌尺寸

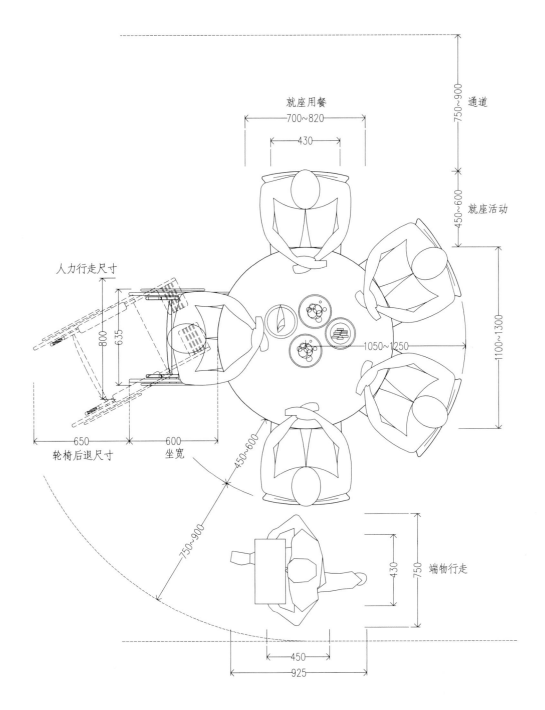

就座用餐
700~820
430
通道
750~900
就座活动
450~600
1100~1300
1050~1250
450~600
750~900

人力行走尺寸
800
635
650
600
轮椅后退尺寸
坐宽

端物行走
430
750

450
925

六人圆桌尺寸

6.2.4　无障碍餐厅立面尺寸

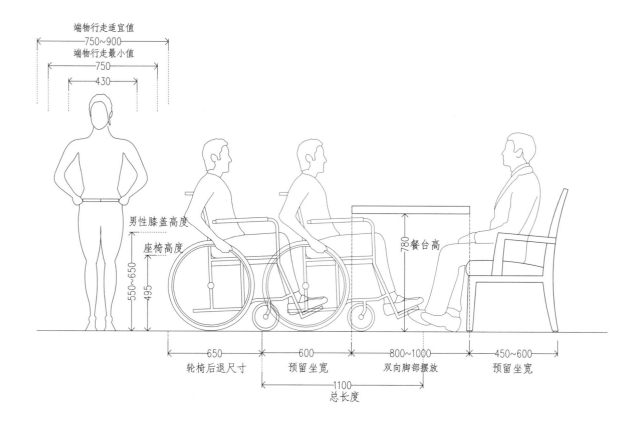

端物行走适宜值
750~900
端物行走最小值
750
430

男性膝盖高度
座椅高度
550~650
495

780 餐台高

650
轮椅后退尺寸

600
预留坐宽

800~1000
双向脚部摆放

450~600
预留坐宽

1100
总长度

餐厅单体立面尺寸

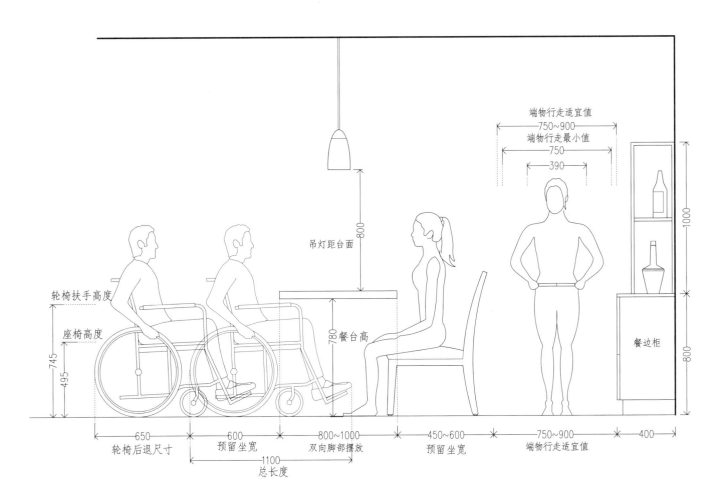

端物行走适宜值
750~900
端物行走最小值
750
390

轮椅扶手高度

座椅高度

745
495

吊灯距台面
800

餐台高
780

1000

餐边柜

800

650
轮椅后退尺寸

600
预留坐宽

800~1000
双向脚部摆放

450~600
预留坐宽

750~900
端物行走适宜值

400

1100
总长度

餐厅餐边柜单体立面尺寸

7 家务劳作空间

7.1 洗衣房

轮椅人士前方伸手取物尺寸为700～1000 mm，针对轮椅老年人，洗衣机宜选用滚筒式，且应增加200 mm高的地台，方便轮椅人士拿取衣物。

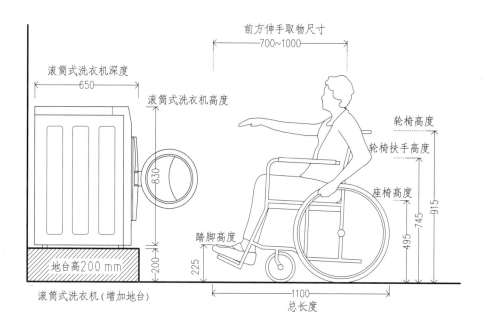

滚筒式洗衣机地台尺寸

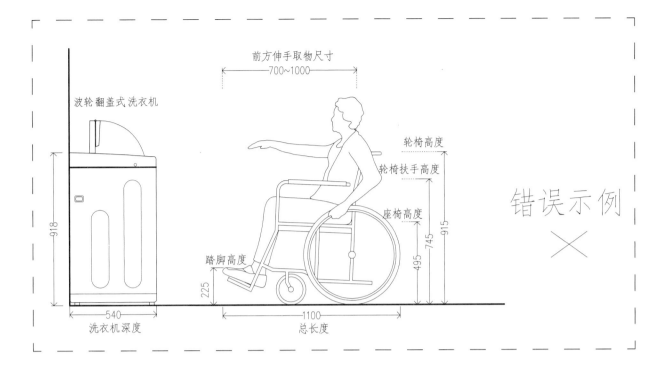

前方伸手取物尺寸
700~1000

波轮翻盖式洗衣机

轮椅高度

轮椅扶手高度

座椅高度

918

踏脚高度

225

540
洗衣机深度

1100
总长度

745
495
915

错误示例
×

波轮翻盖式洗衣机错误示例

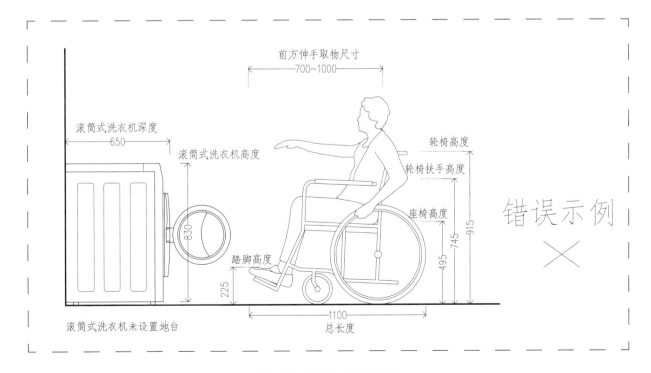

前方伸手取物尺寸
700~1000

滚筒式洗衣机深度
650

滚筒式洗衣机高度

轮椅高度

轮椅扶手高度

座椅高度

830

踏脚高度

225

滚筒式洗衣机未设置地台

1100
总长度

745
495
915

错误示例
×

洗衣机未设置地台错误示例

7.2　生活阳台

7.2.1　晾衣架

（1）电动或机械升降式晾衣架

轮椅人士在生活阳台晾晒衣物时可选用电动或机械升降式晾衣架，也可以用撑衣杆辅助取物。

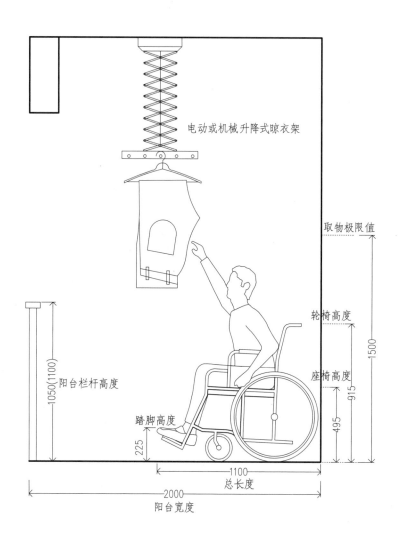

电动升降晾衣架尺寸

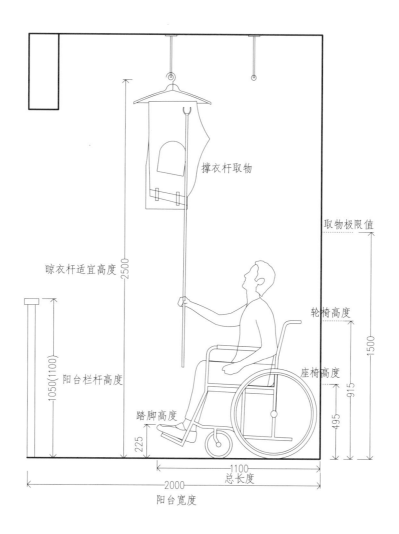

撑衣杆取物

取物极限值

晾衣杆适宜高度

轮椅高度

座椅高度

踏脚高度

阳台栏杆高度

2500

1050(1100)

225

495

915

1500

1100
总长度

2000
阳台宽度

撑衣杆尺寸

（2）落地式晾衣架

轮椅人士还可以采用落地式晾衣架。

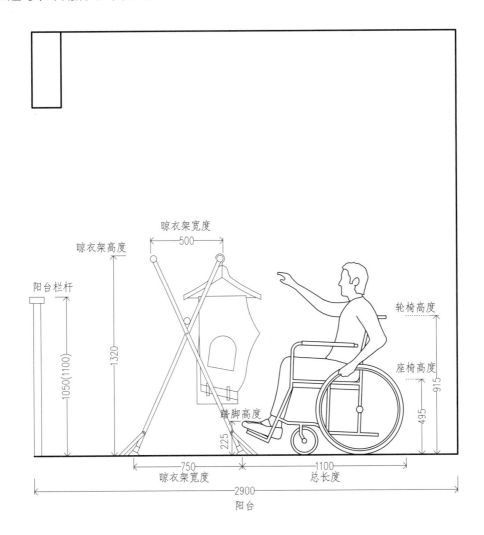

落地晒衣架尺寸

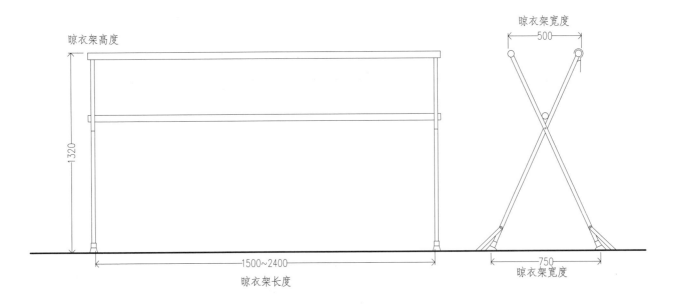

落地晒衣架单体尺寸

7.2.2　级差处理

阳台地面与其他区域交界处出现高低级差时，允许级差不应大于25 mm。

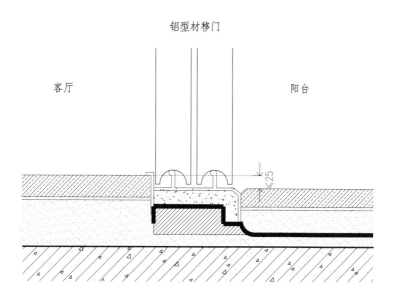

铝型材移门

客厅

阳台

<25

地面不宜出现过大高低级差

8 卫生梳洗空间

8.1 卫生间

8.1.1 标准无障碍卫生间平面布置

标准无障碍卫生间面积不应小于 4 m²。

卫生间地面应采用防滑地砖。

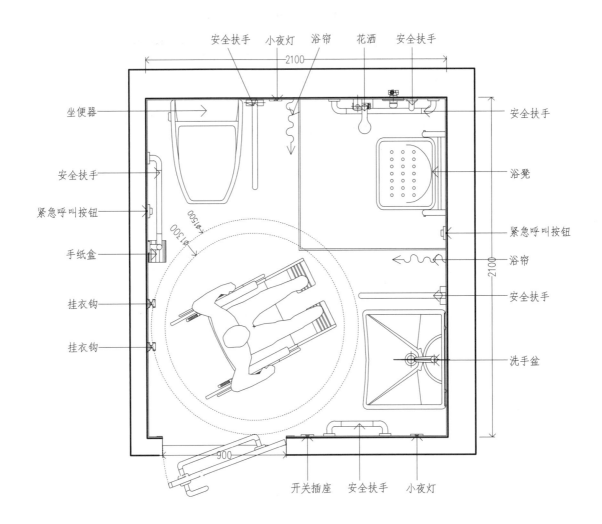

标准无障碍卫生间平面图（三件套式）

8.1.2 标准无障碍卫生间立面布置

卫生间内应设置无线紧急呼叫按钮，呼叫按钮的安装高度为400 ~ 500 mm，便于老年人摔倒后伸手即可触摸到。

手纸盒应设在坐便器的侧前方，高度宜为550 mm。

挂衣钩距地高度不应大于1.20 m。

卫生间内应设置感应式小夜灯。

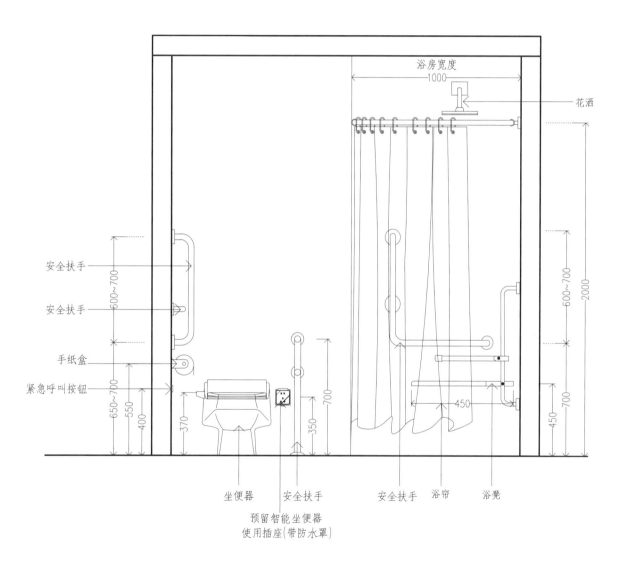

标准无障碍卫生间立面图（一）

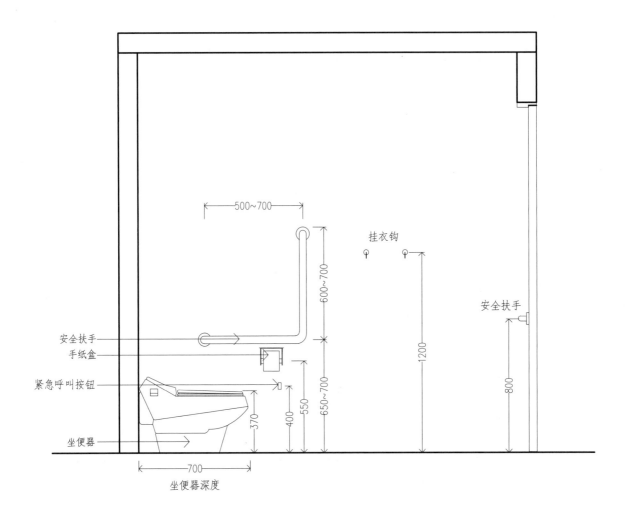

标准无障碍卫生间立面图（二）

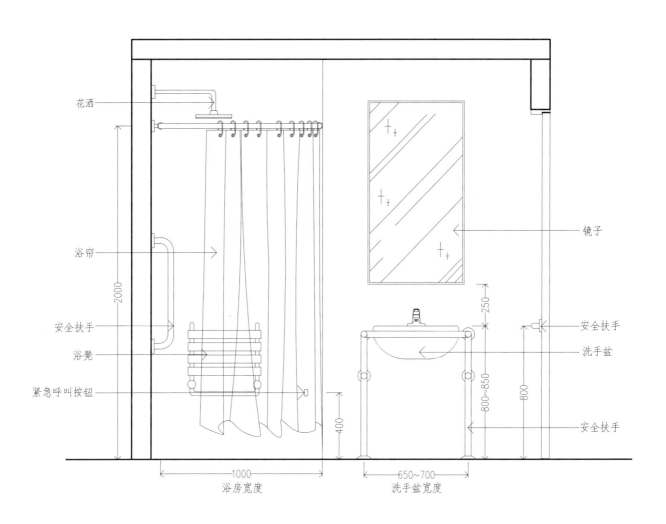

花洒

浴帘

2000

安全扶手

浴凳

紧急呼叫按钮

镜子

250

洗手盆

800~850

800

安全扶手

安全扶手

400

1000
浴房宽度

650~700
洗手盆宽度

标准无障碍卫生间立面图（三）

8.1.3 带浴缸卫生间

设有浴缸的卫生间应预留直径为1300 mm的轮椅人士人力行走转弯空间。

门内应设置高度为800 mm的安全扶手。

若设置圆盘扶手，则扶手高度宜为850 ~ 900 mm。

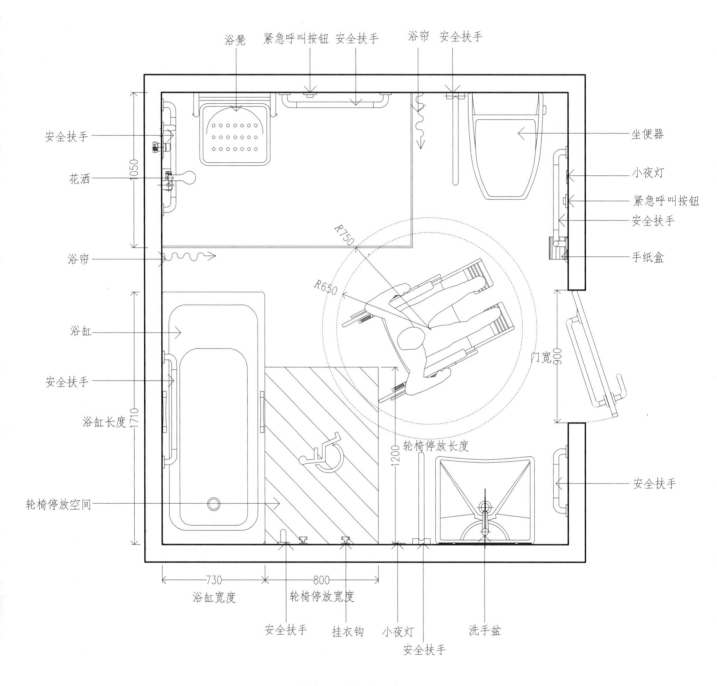

配安全扶手的带浴缸卫生间平面图

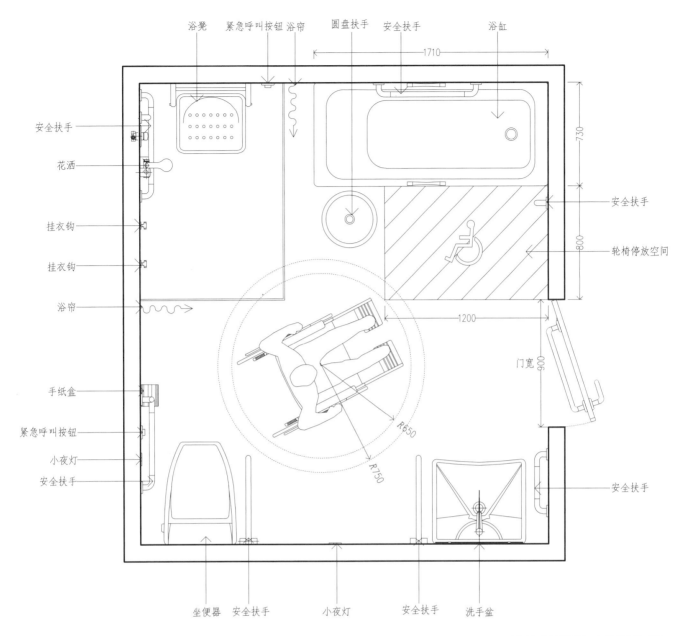

安全扶手　　花洒　　挂衣钩　　挂衣钩　　浴帘　　手纸盒　　紧急呼叫按钮　　小夜灯　　安全扶手

浴凳　　紧急呼叫按钮　　浴帘　　圆盘扶手　　安全扶手　　浴缸

安全扶手

轮椅停放空间

门宽

1710

730

800

1200

900

R650

R750

坐便器　　安全扶手　　小夜灯　　安全扶手　　洗手盆

配圆盘扶手的带浴缸卫生间平面图

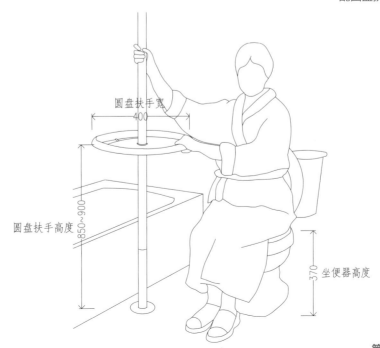

圆盘扶手宽
400

圆盘扶手高度
850~900

坐便器高度
370

圆盘扶手尺寸

8.1.4 地面

淋浴间内外地面应平整，不宜出现高低级差。卫生间入口处不宜设置入口门槛（若设置门槛或挡板，则高度不应大于25 mm），淋浴间不应设置挡水条。

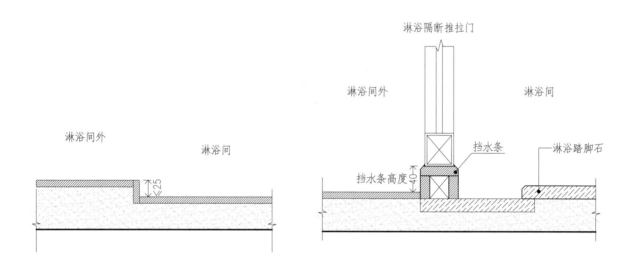

地面不宜出现高低级差

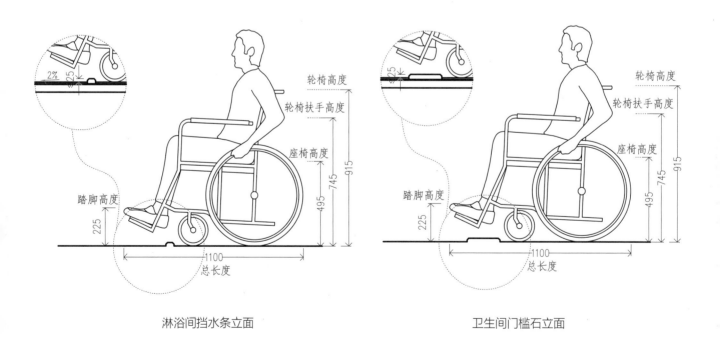

淋浴间挡水条立面　　　　　　　　　　　卫生间门槛石立面

8.2 洗漱区

8.2.1 安全扶手

洗漱区域应增加安全扶手、拉手等辅助装置。安全扶手的安装高度宜为800 ~ 850 mm，长度宜为650 ~ 700 mm，宽度宜为650 mm。

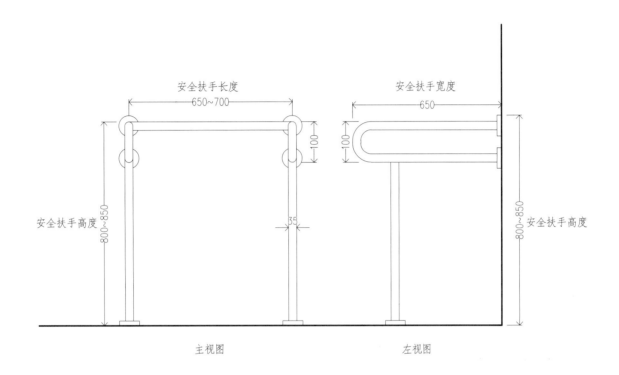

主视图　　　　　　　　　　　　　左视图

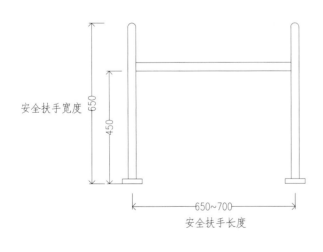

俯视图

安全扶手尺寸

8.2.2　镜子

洗漱区的镜子应设置向外倾斜10°的夹角。

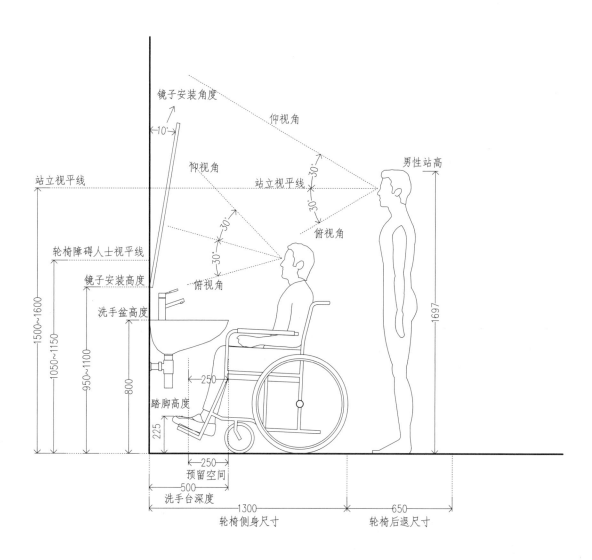

洗漱区镜子倾斜角度

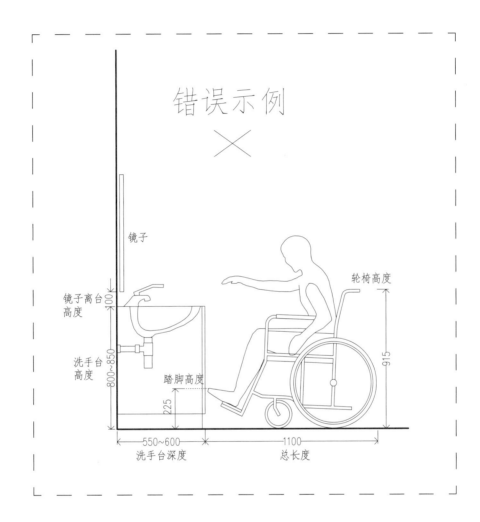

错误示例

×

镜子

镜子离台
高度

洗手台
高度

踏脚高度

轮椅高度

550~600
洗手台深度

1100
总长度

洗漱区镜子安装错误示例

8.2.3 洗手盆

洗手盆下方应预留轮椅人士腿部活动的空间，其最小尺寸为：深度450 mm，高度650 mm，宽度750 mm。

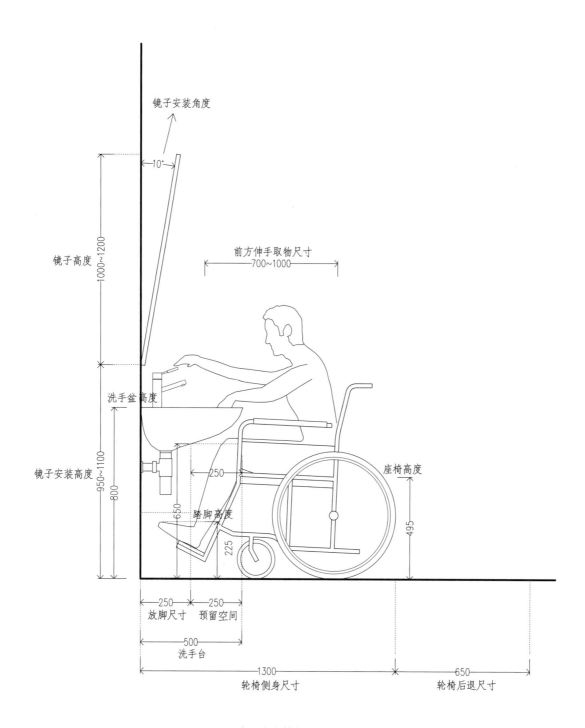

洗手盆安装立面图尺寸

8.3 坐便区

8.3.1 前方板扶手

坐便器宜增加前方板扶手，前方板扶手安装高度宜为650 ～ 700 mm，长度宜为680 mm。

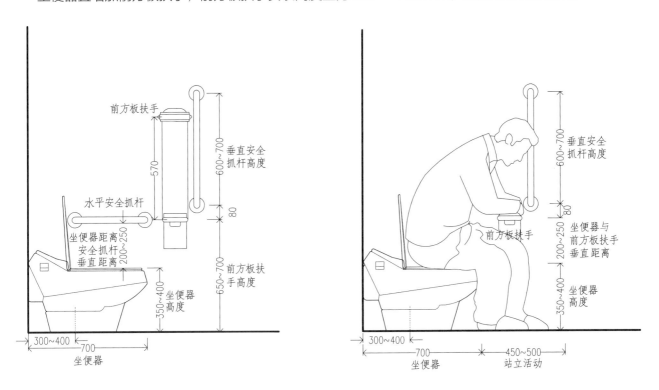

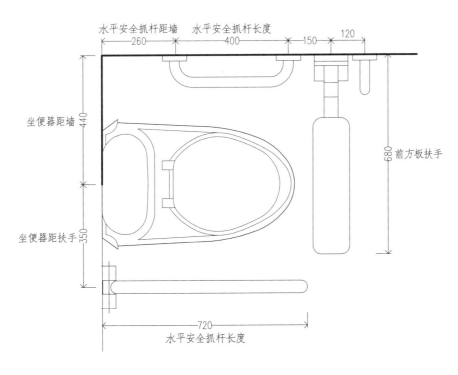

前方板扶手尺寸

8.3.2 安全抓杆

坐便器墙面应设距地面650 ~ 700 mm的水平抓杆和高600 ~ 700 mm的垂直抓杆。

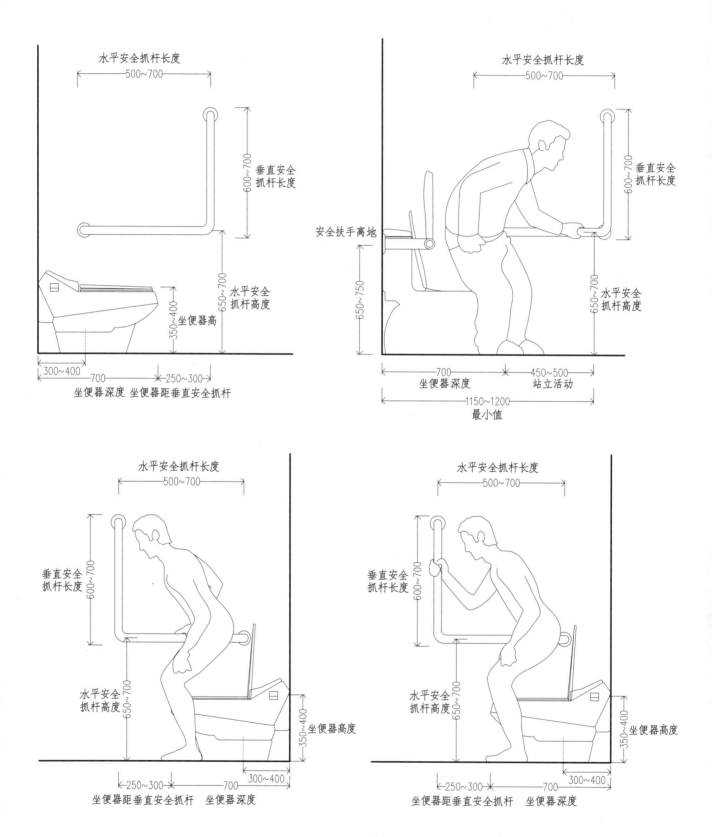

安全抓杆的空间尺寸

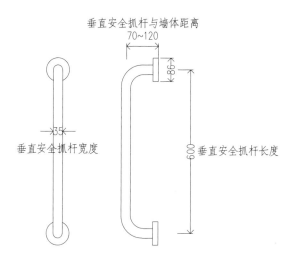

垂直安全抓杆尺寸

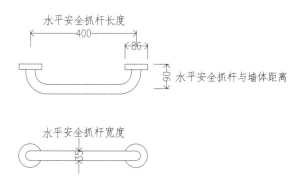

水平安全抓杆尺寸

8.3.3 安全扶手

（1）折叠式安全扶手

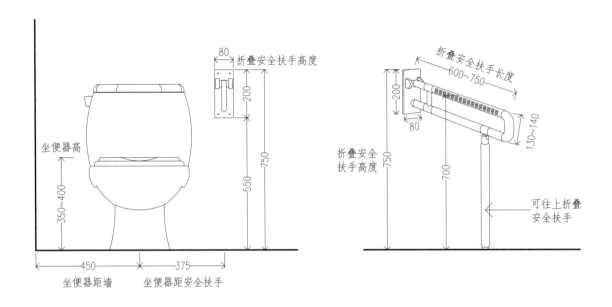

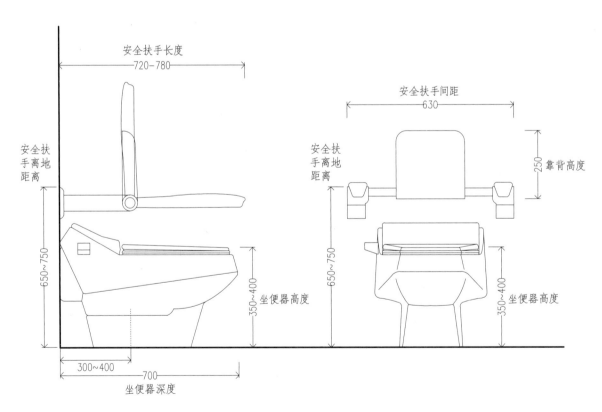

坐便器与折叠安全扶手尺寸

（2）可翻盖式安全扶手

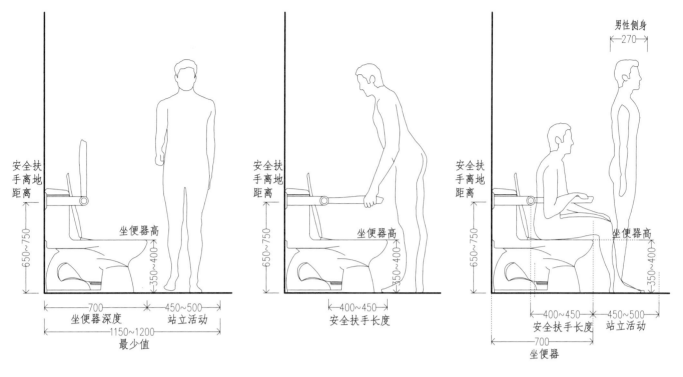

可翻盖式安全扶手尺寸

（3）横杆式安全扶手

横杆式安全扶手与墙体距离为70～120 mm。

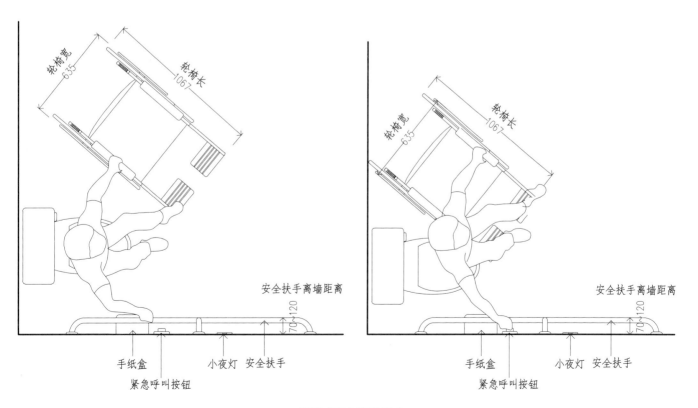

横杆式安全扶手尺寸

8.3.4 预留空间

坐便器前应预留一定的空间。

（1）自力如厕预留空间

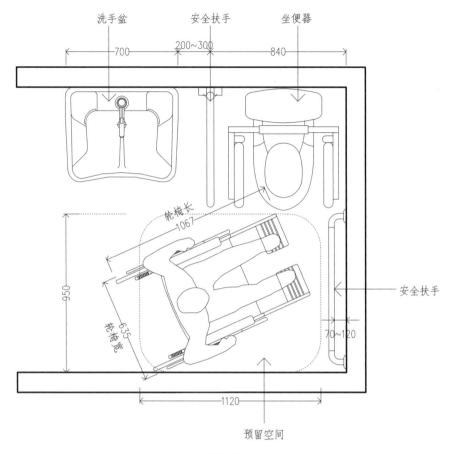

洗手盆　　安全扶手　　坐便器

700　　200~300　　840

轮椅长
1067

956

635
轮椅宽

安全扶手

70~120

1120

预留空间

自力如厕预留尺寸（一）

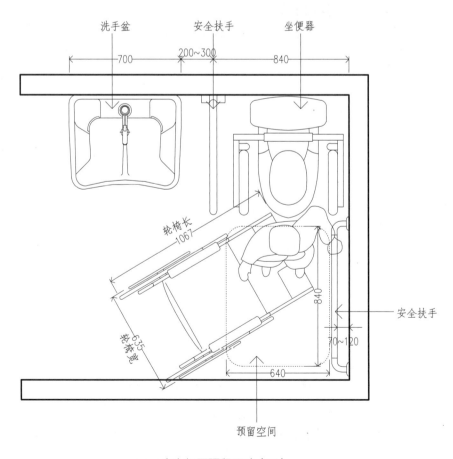

洗手盆　　安全扶手　　坐便器

700　　200~300　　840

轮椅长
1067

840

635
轮椅宽

安全扶手

70~120

640

预留空间

自力如厕预留尺寸（二）

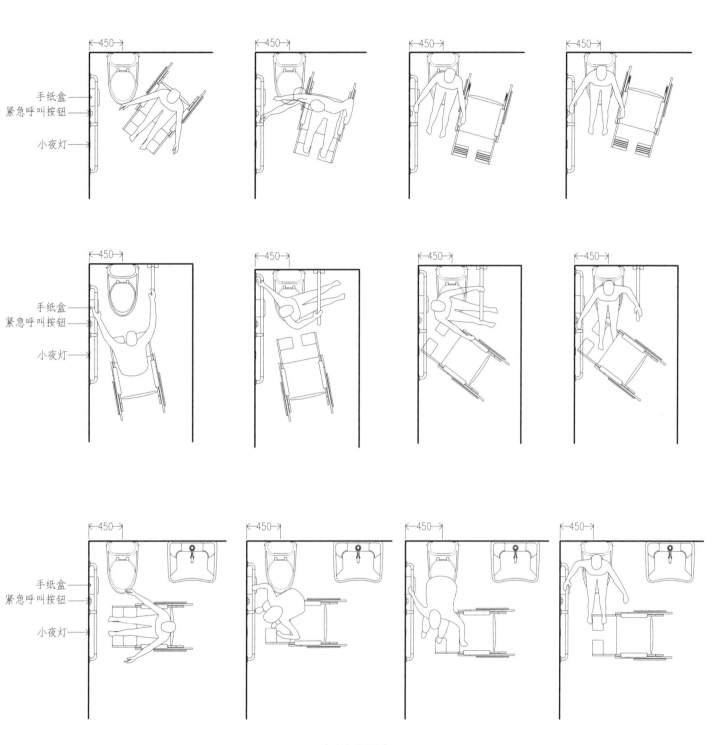

自力如厕示意

（2）辅助如厕预留空间

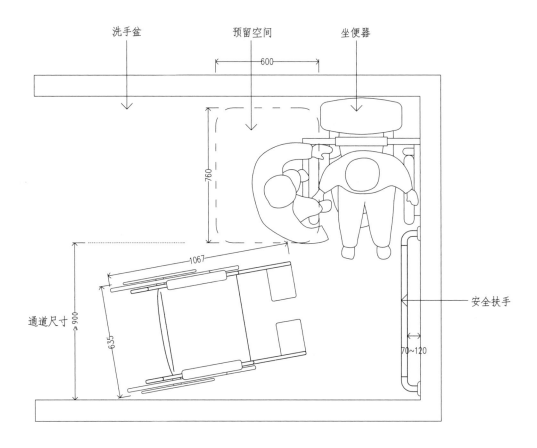

洗手盆　　　预留空间　　　坐便器

600

760

1067

通道尺寸

900

635

安全扶手

70~120

辅助如厕预留尺寸

8.3.5 蹲便区

（1）蹲便器

蹲便器前应设置水平及垂直安全抓杆。

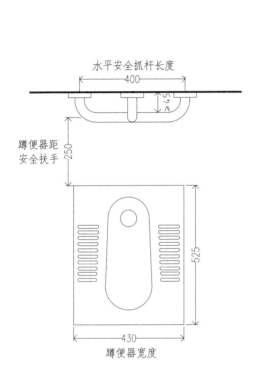

蹲便器与安全扶手俯视图

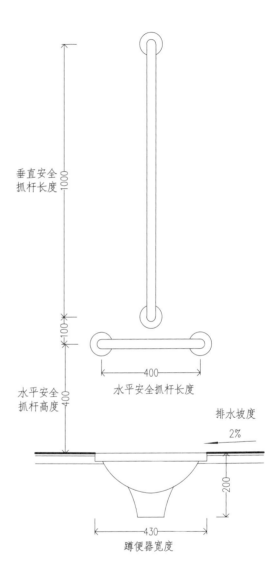

蹲便器与安全扶手主视图

（2）小便器

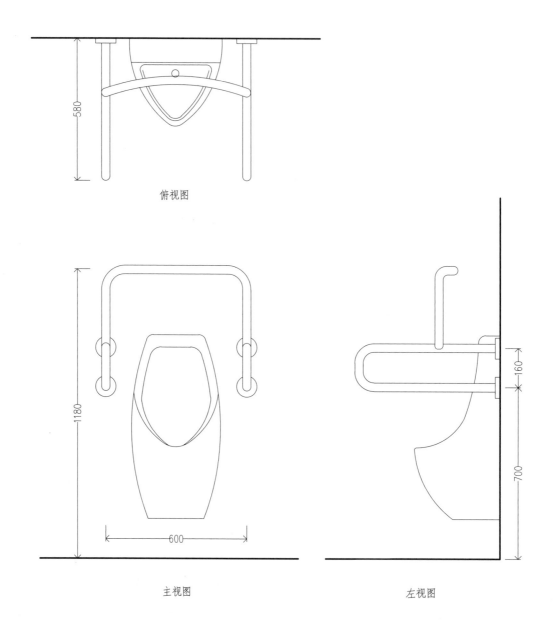

俯视图

主视图

左视图

小便器与安全扶手尺寸

8.4 淋浴区

8.4.1 浴凳

浴凳高度宜为450 mm，深度不宜小于450 mm。

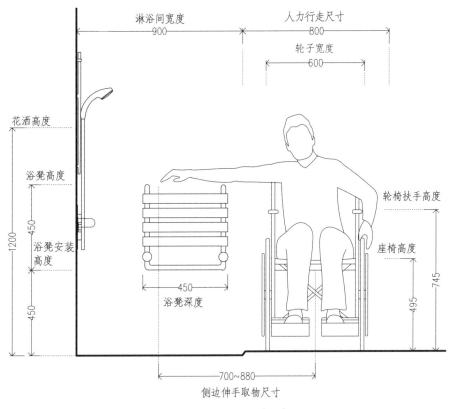

浴凳安装尺寸（一）

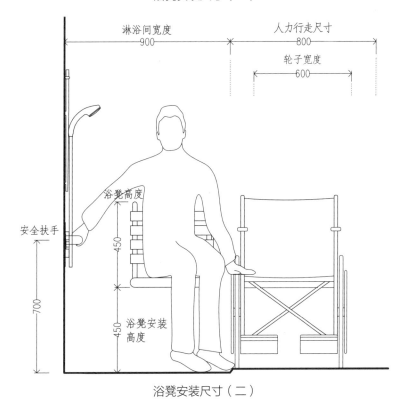

浴凳安装尺寸（二）

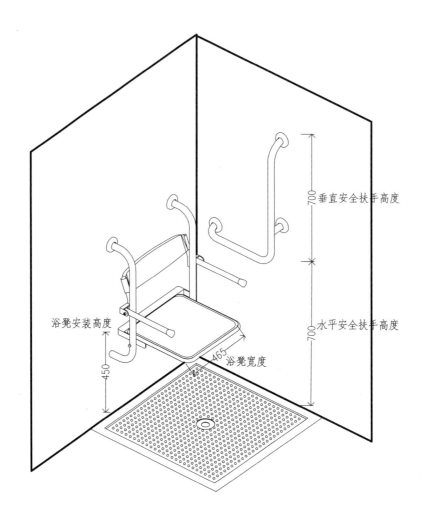

垂直安全扶手高度 700

水平安全扶手高度 700

浴凳安装高度 450

浴凳宽度 465

浴凳安装尺寸（三）

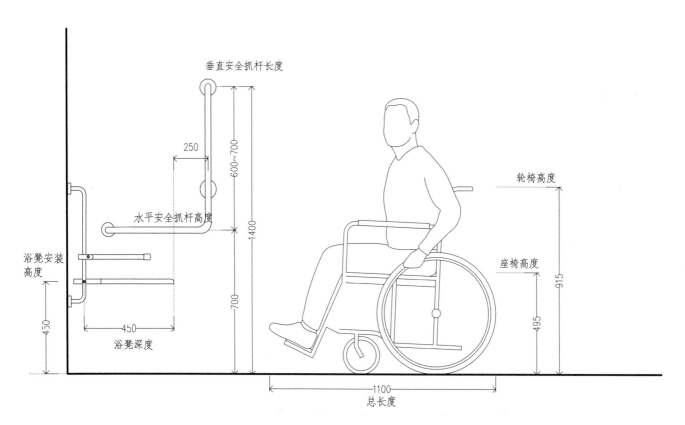

垂直安全抓杆长度

250

600~700

1400

700

水平安全抓杆高度

浴凳安装高度 450

浴凳深度 450

轮椅高度 915

座椅高度 495

总长度 1100

浴凳安装尺寸（四）

8.4.2　安全抓杆

淋浴间墙面应设500 ～ 700 mm长的横向安全抓杆和600 ～ 700 mm长的垂直安全抓杆。

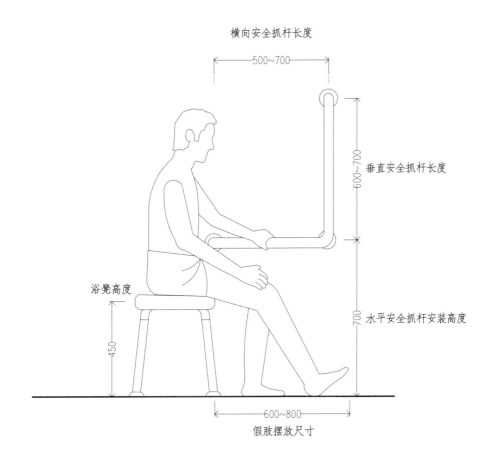

假肢障碍人士淋浴间尺寸

8.4.3 浴帘

淋浴间应使用浴帘代替淋浴门，或可使用半式淋浴房。

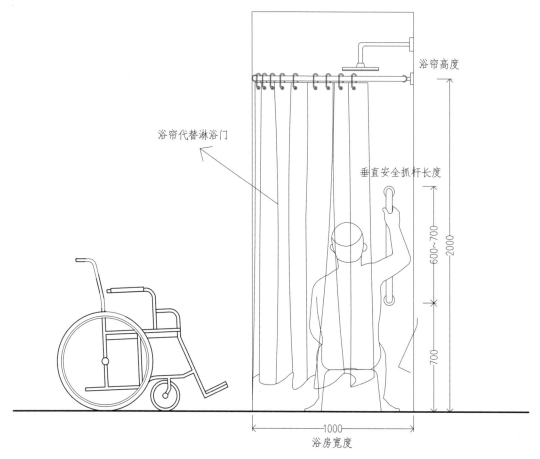

浴房尺寸

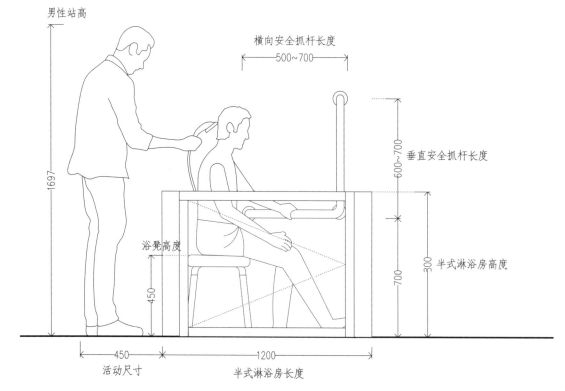

半式淋浴房尺寸

8.4.4　浴缸前预留空间

浴缸前方应预留长1200 mm、宽800 mm的轮椅停留空间。

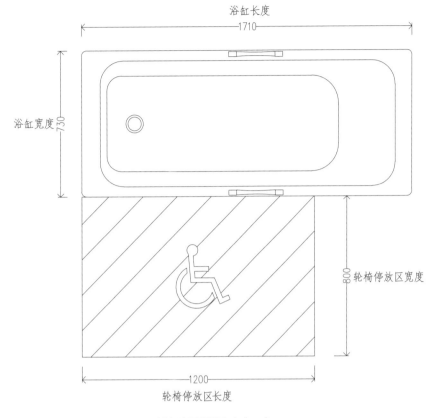

浴缸前预留尺寸（一）

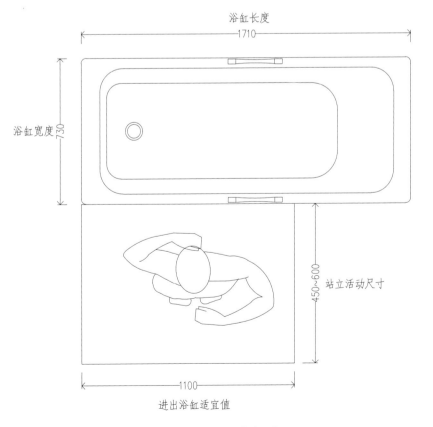

浴缸前预留尺寸（二）

8.4.5　浴缸区安全扶手

浴缸区应设置安全扶手。

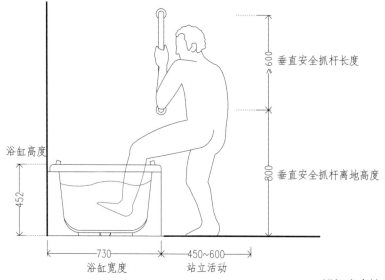

浴缸安全扶手尺寸（一）

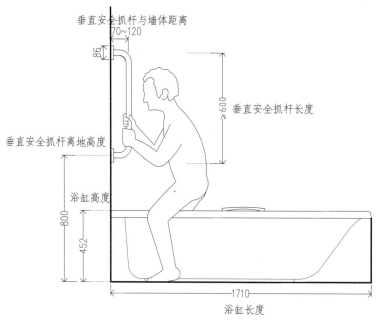

浴缸安全扶手尺寸（二）

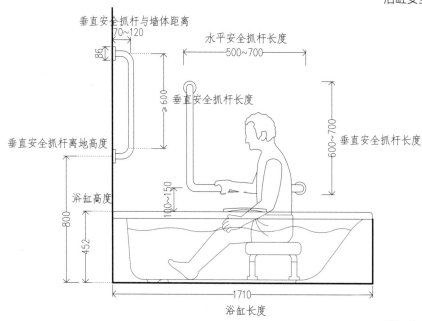

浴缸安全扶手尺寸（三）

9 私密睡眠空间

9.1 轮椅回转空间

（1）轮椅回转空间尺寸

卧室内需设轮椅停放区及轮椅可回转空间。

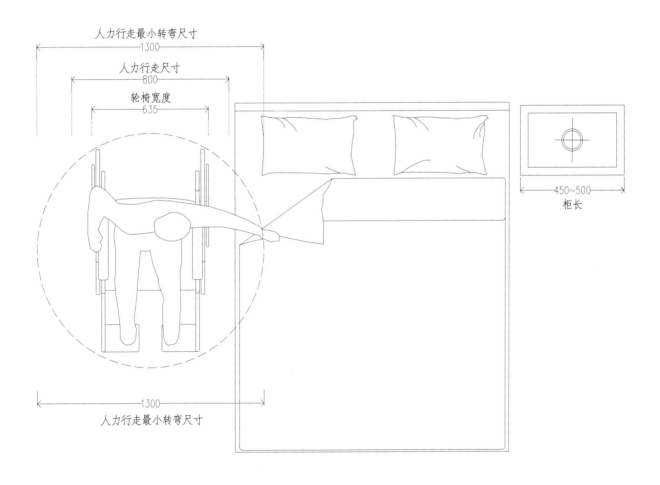

人力行走最小转弯尺寸
1300

人力行走尺寸
800

轮椅宽度
635

450~500
柜长

1300
人力行走最小转弯尺寸

床边预留轮椅可回转空间平面尺寸

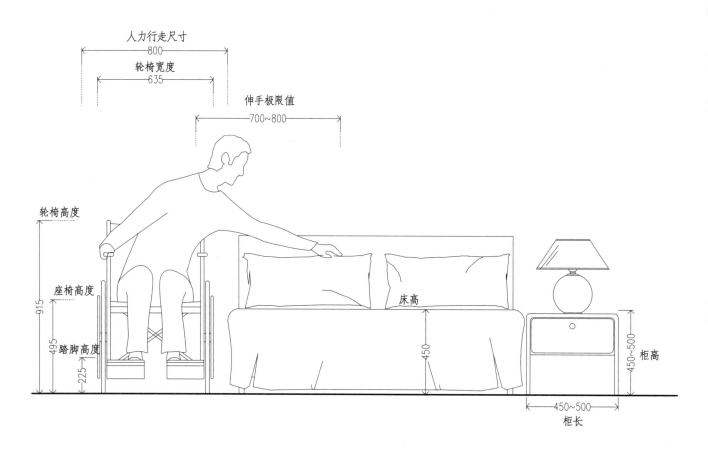

人力行走尺寸
800

轮椅宽度
635

伸手极限值
700~800

轮椅高度

座椅高度

踏脚高度

轮椅高度 915

495

225

床高

450

柜高 450~500

柜长 450~500

床边预留轮椅可回转空间立面尺寸

（2）床尺寸

床的高度宜为450 mm。

卧室床头边宜设置无线紧急呼叫按钮（带拉绳式）。

卧室不宜铺设床尾地毯。

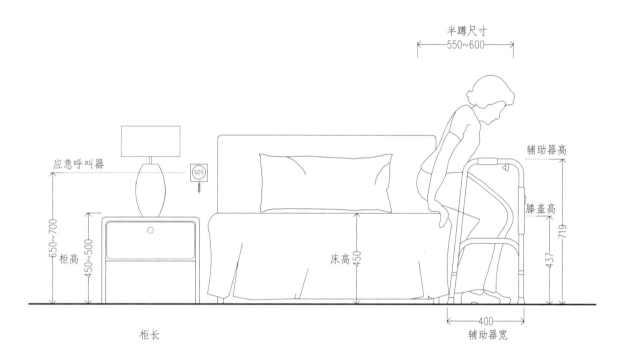

床高尺寸

（3）吊环式起床助力器

床边可安装拉手吊环式起床助力器，拉手吊环离地尺寸为950～1050mm。

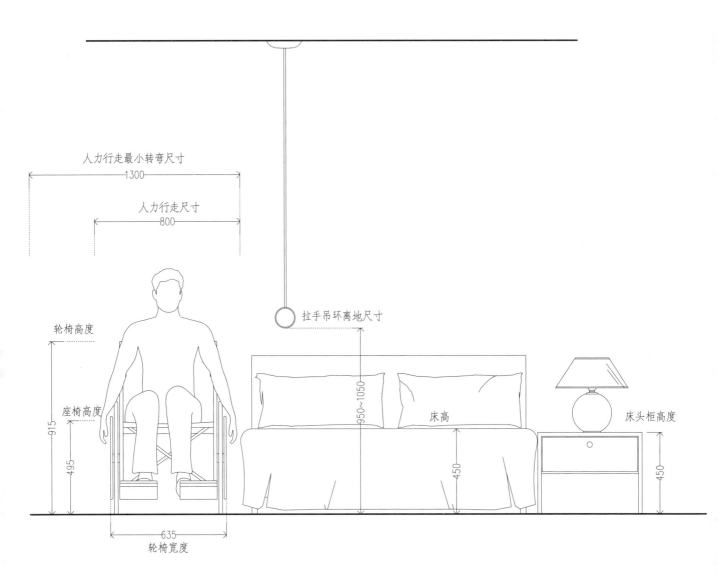

拉手吊环安装尺寸（一）

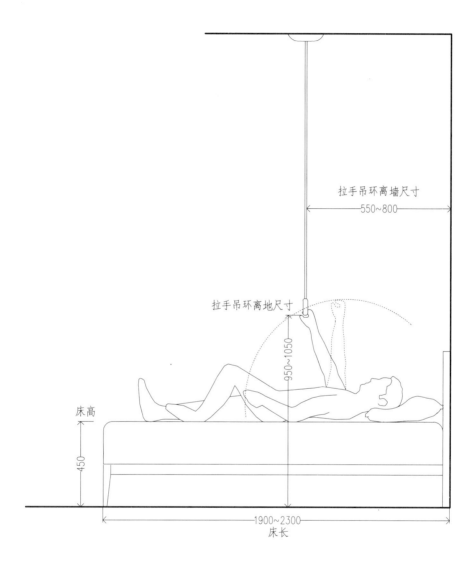

拉手吊环安装尺寸（二）

9.2 挂衣区

（1）挂衣杆尺寸

挂衣区中挂衣杆最佳高度宜为1200 mm，衣柜置物层板不应高于1.5 m。衣柜前方不宜有阻碍物。

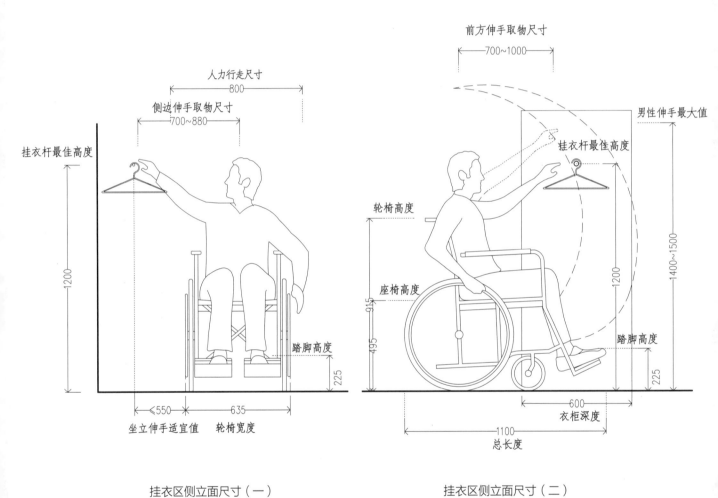

挂衣区侧立面尺寸（一）　　　　　　　挂衣区侧立面尺寸（二）

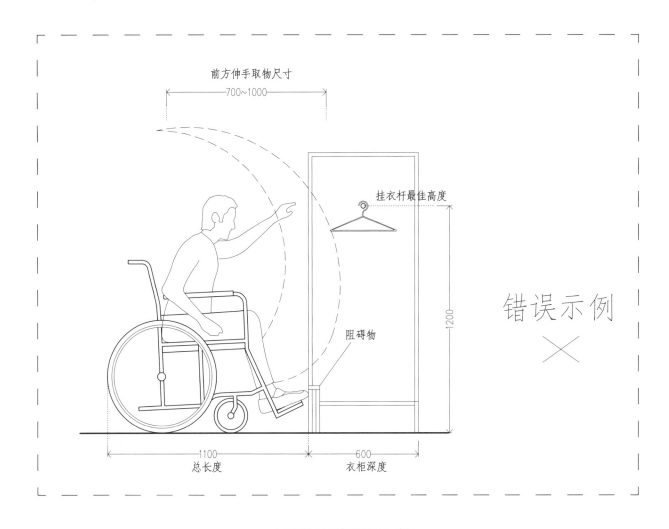

前方伸手取物尺寸

700~1000

挂衣杆最佳高度

错误示例

×

阻碍物

1200

1100
总长度

600
衣柜深度

衣柜前有阻碍物的错误示例

（2）衣柜中晾衣杆尺寸

衣柜中的晾衣杆安装高度不应高于1.4 m。当晾衣杆安装高度高于1.4 m时，应采用可下拉的升降晾衣杆，或增加撑衣杆。

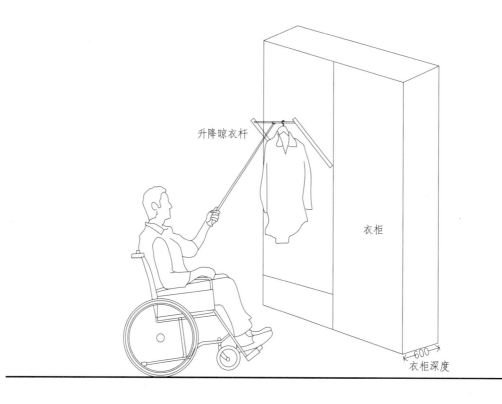

升降晾衣杆示意

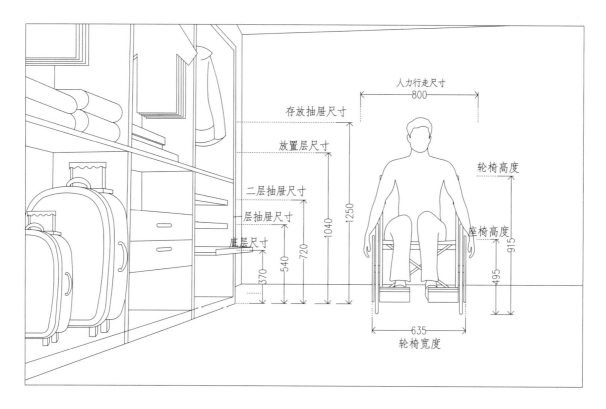

挂衣区尺寸

9.3 书写区

书写区书桌置物架极限高度为1500 mm。

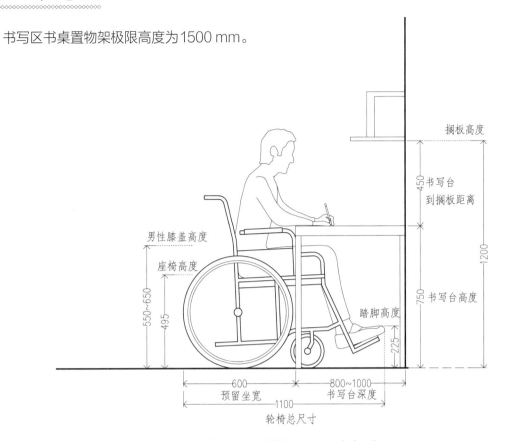

扶手缩短型轮椅书写区尺寸（一）

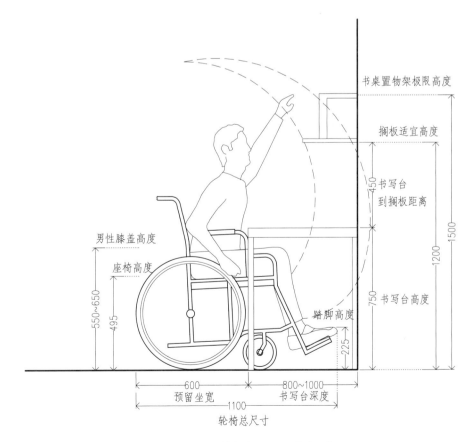

扶手缩短型轮椅书写区尺寸（二）

9.4 窗台高度

卧室窗台高度宜为600 ～ 700 mm。

卧室窗帘宜采用上下开启的拉绳式卷帘，左右开启的窗帘宜设计为电动开启方式。

窗户应设计低位拉手。

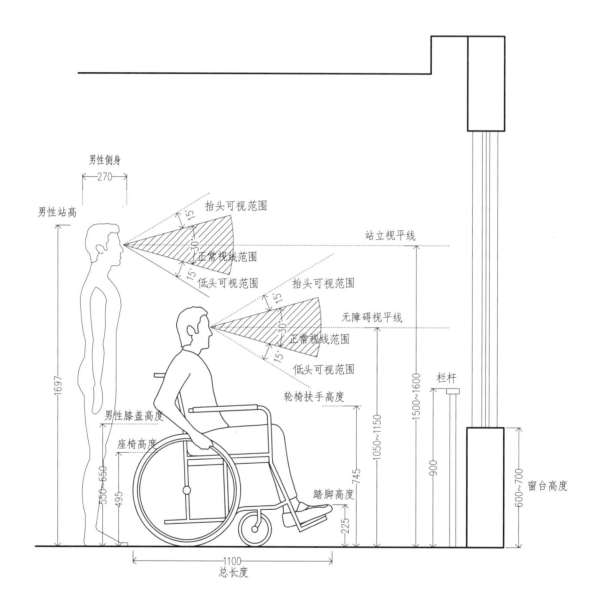

窗台高度

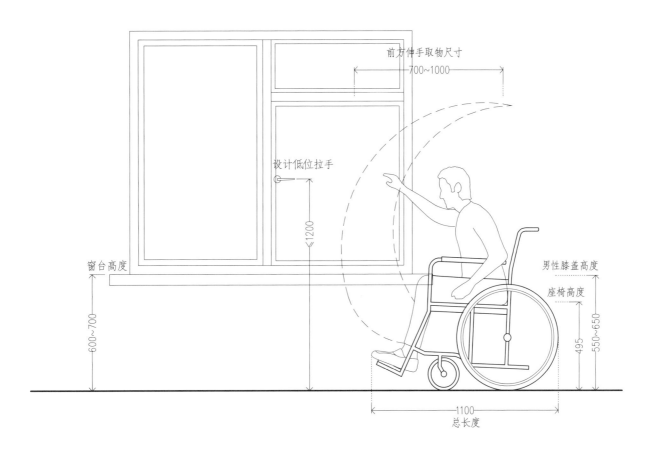

前方伸手取物尺寸

700~1000

设计低位拉手

≤1200

窗台高度

600~700

男性膝盖高度

座椅高度

495

550~650

1100

总长度

窗拉手高度

9.5 卧室布局

卧室可分为单人卧室、双人卧室、公寓型卧室套间等。卧室通道尺寸不应小于900 mm。

（1）单人卧室

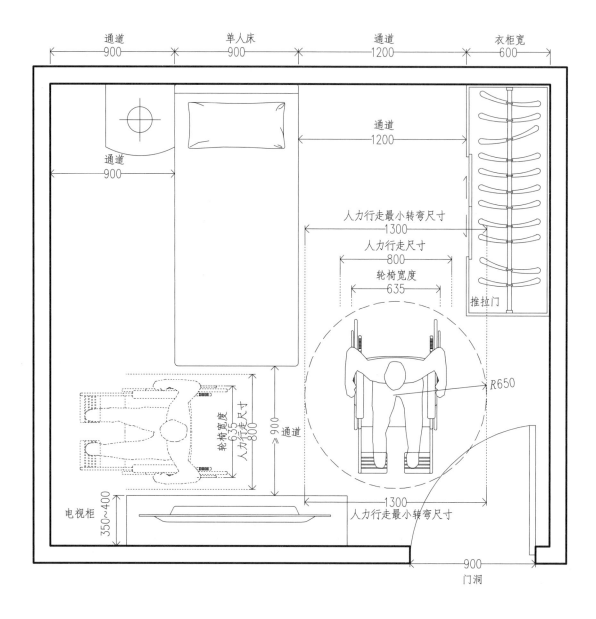

单人卧室尺寸（一）

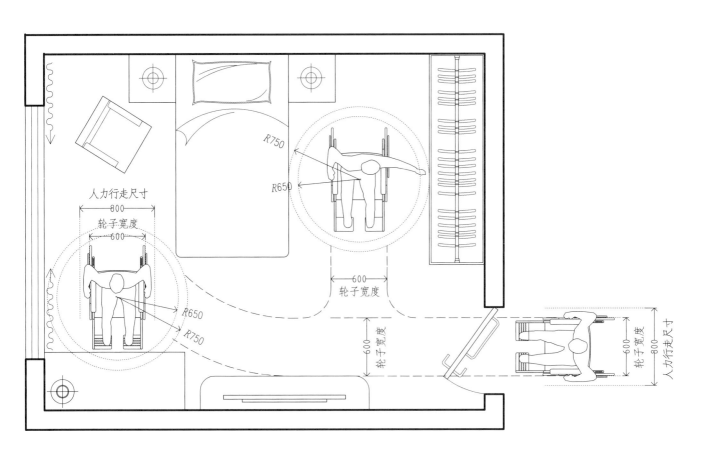

人力行走尺寸
800
轮子宽度
600
R650
R750

R750
R650
600
轮子宽度

600
轮子宽度

600
轮子宽度
800
人力行走尺寸

单人卧室尺寸（二）

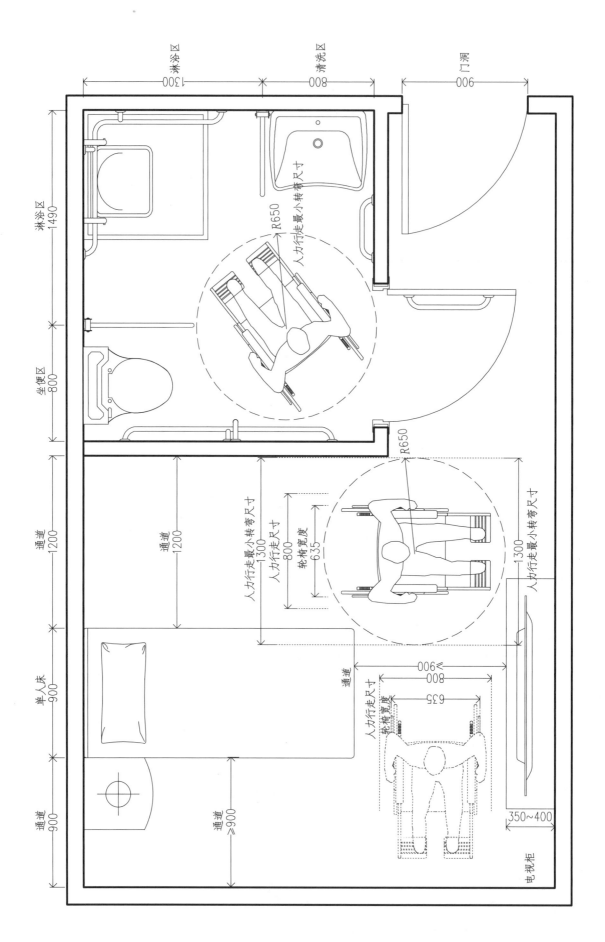

淋浴区 1300　　清洗区 800　　门洞 900

淋浴区 1490

坐便区 800

通道 1200

单人床 900

通道 900

通道 1200

人力行走最小转弯尺寸 R650

人力行走最小转弯尺寸 1300

人力行走尺寸 800

轮椅宽度 635

R650

人力行走最小转弯尺寸 1300

通道

900

800

人力行走尺寸

轮椅宽度 635

350~400

电视柜

通道 ≥900

单人带卫生间卧室套房尺寸（一）

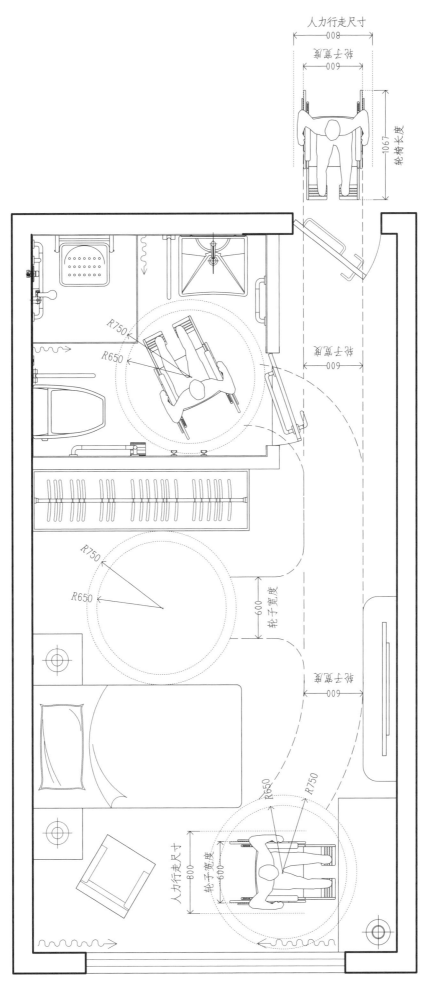

单人带卫生间卧室套房尺寸（二）

（2）双人卧室

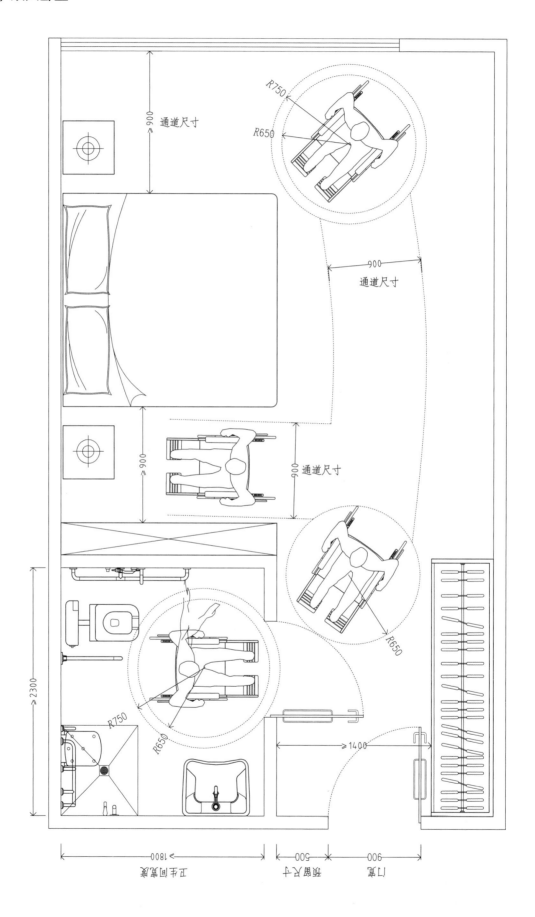

双人卧室套房尺寸

（3）公寓型卧室套间

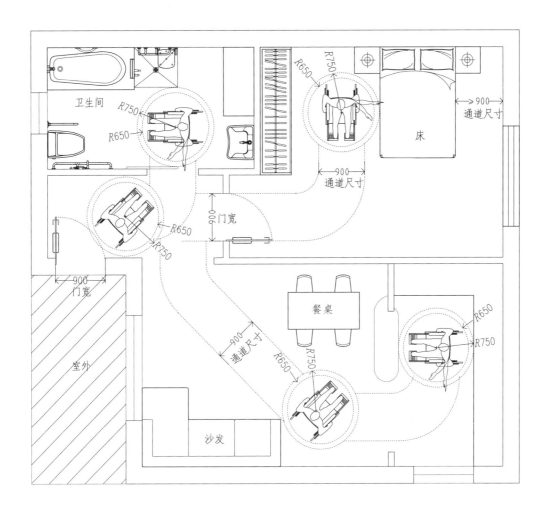

卫生间

R750
R650

R650
R750

R650

R750
R650

室外
900
门宽

900
门宽

床

900
通道尺寸

900
通道尺寸

600
门宽

900
通道尺寸

餐桌

沙发

R650
R750

R750
R650

公寓型卧室套间尺寸

10 门窗家具及电器设备

10.1 入户门

（1）入户门尺寸

入户门门镜安装高度为离地1100 ~ 1200 mm。

入户门下方宜设置300 mm高的防撞板。

门把手安装高度宜为900 mm。

安全扶手安装高度宜为800 mm。

门宽不应小于900 mm。

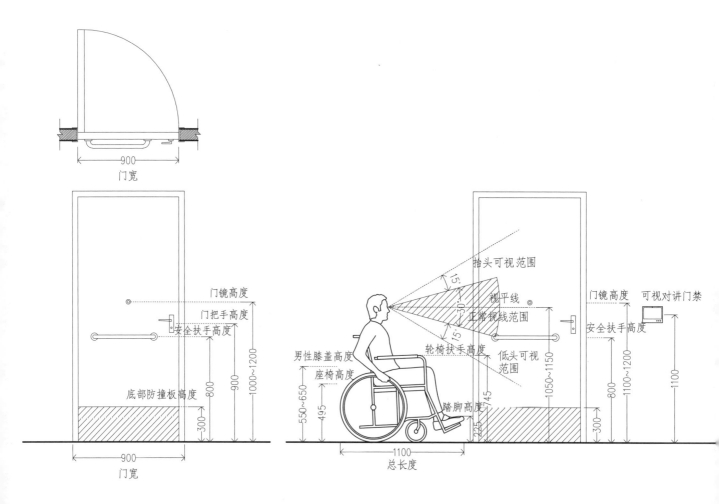

入户门尺寸

（2）门锁

老年人应尽量使用执手锁，不推荐使用球形转动锁。

执手锁   球形转动锁（一）   球形转动锁（二）

老年人尽量使用执手锁   不推荐使用球形转动锁

10.2 照明开关

（1）开关类型

灯具开关控制按钮应选用大面板触碰开关，以适应老年人视力衰退、手指不灵活的生理特点，不推荐使用指甲式点位开关面板。

老年人或手掌截肢障碍人士宜采用独立大板开关，单个开关面板上不应超过2个控制按钮。

手部肢体障碍人士的电器设备控制按钮不应采用电子触碰式，应采用机械按压式。

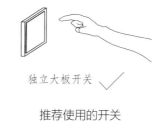

独立大板开关

推荐使用的开关

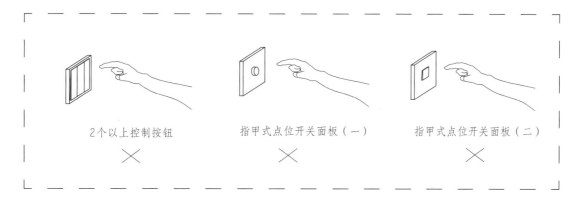

2个以上控制按钮   指甲式点位开关面板（一）   指甲式点位开关面板（二）

不推荐使用的开关

（2）开关安装高度

轮椅老年人的照明开关安装高度宜为1100 mm。

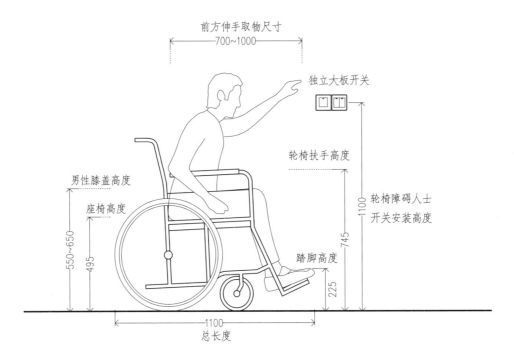

轮椅老年人开关安装尺寸

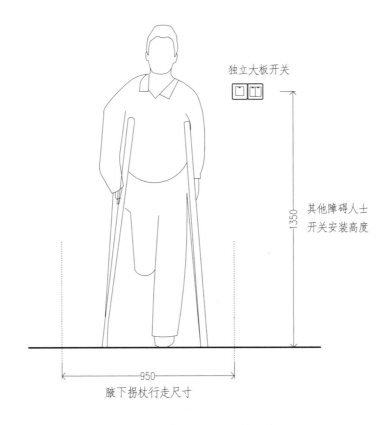

腋下拐杖老年人开关安装尺寸

（3）开关控制按钮安装位置

开关控制按钮不应设在角落内，应设置于离墙角不小于600 mm的地方。

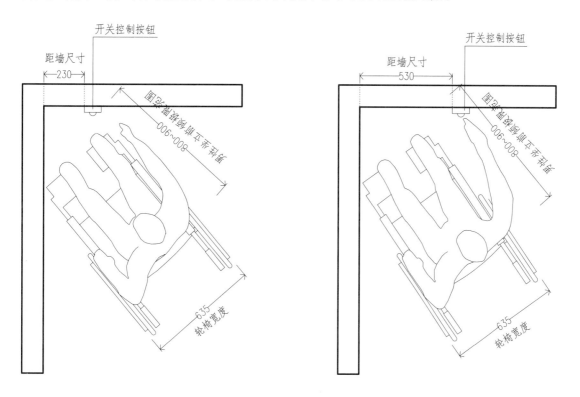

开关控制按钮距墙尺寸

（4）插座安装高度

插座面板安装高度不宜小于350 mm。

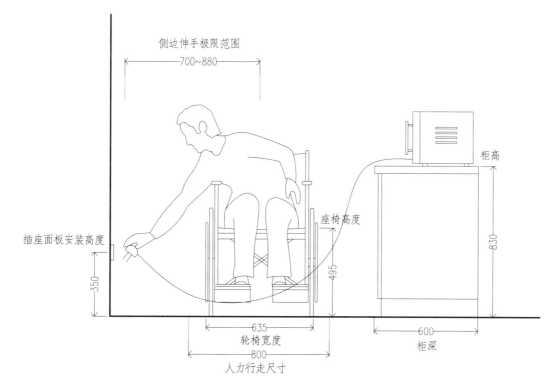

插座安装高度

10.3 窗户

（1）窗户类型

窗户宜使用推拉窗，平开窗需设计低位拉手，拉手离地不应超过1200 mm。

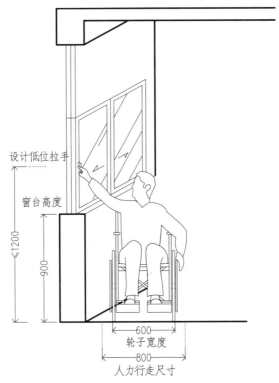

窗户拉手高度尺寸

轮椅人士使用的窗户不宜设计为飘窗、悬窗，且窗户前不应放置障碍物。

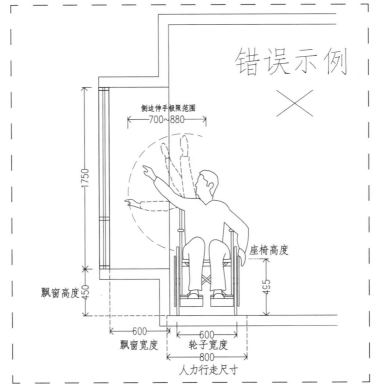

窗户不宜设计为飘窗

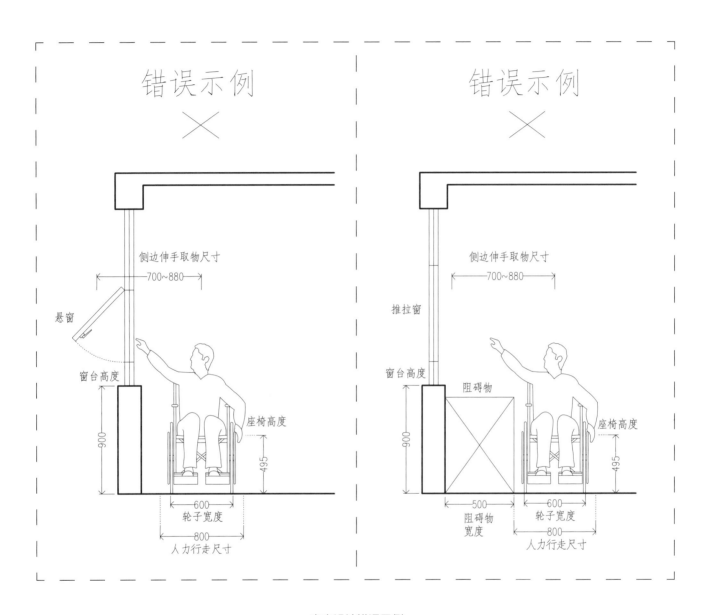

窗户设计错误示例

（2）窗帘类型

窗帘宜采用上下开启的拉绳式卷帘，左右开启的窗帘宜设计为电动开启方式。

客厅阳台的推拉式窗帘应使用电动方式开启、关闭。

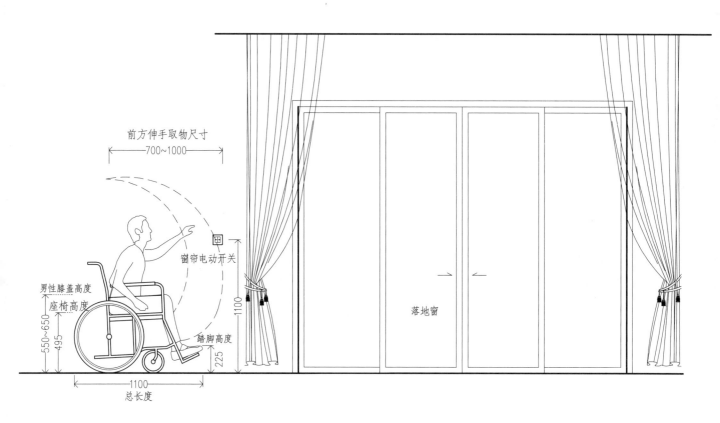

窗帘设计（一）

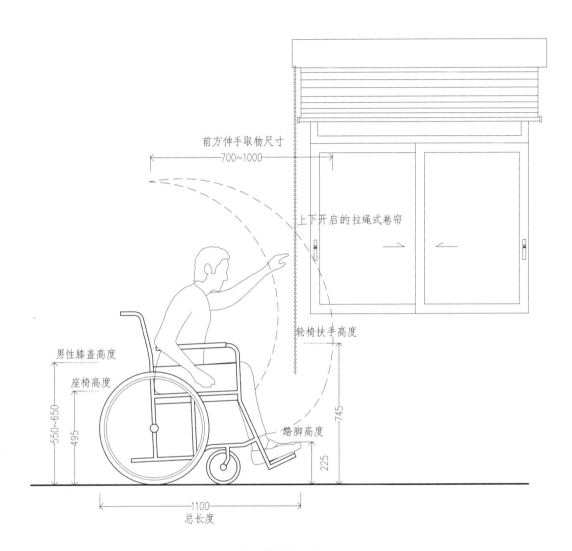

前方伸手取物尺寸
700~1000

上下开启的拉绳式卷帘

轮椅扶手高度

男性膝盖高度

座椅高度

550~650

495

745

踏脚高度

225

1100
总长度

窗帘设计（二）

10.4 柜门及抽屉拉手

柜门及抽屉应使用长拉手，不宜使用圆钉拉手及隐形拉手。

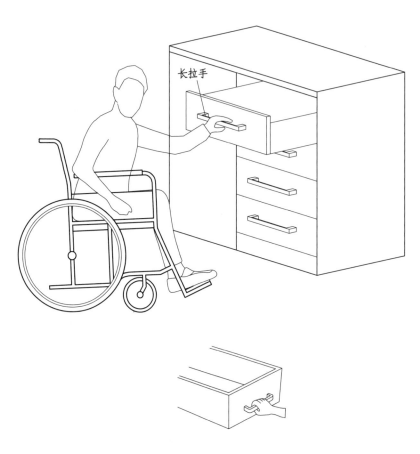

长拉手

推荐使用的长拉手

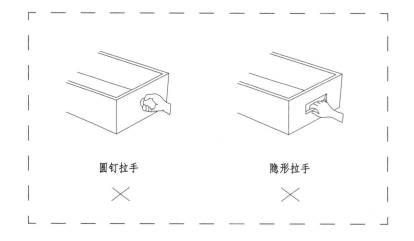

圆钉拉手   隐形拉手
×   ×

不推荐使用的圆钉拉手、隐形拉手

11 其他

11.1 小区入口

11.1.1 小区入口设计

在条件容许的情况下，小区宜增设无障碍专用通道入口。

门扇开启范围内与缓坡起点处应预留直径不小于1500 mm的缓冲平台。

入口铁门应设自动开启感应装置，且带延迟关闭功能。

安装闭门器的铁门下方应设置防撞挡板。

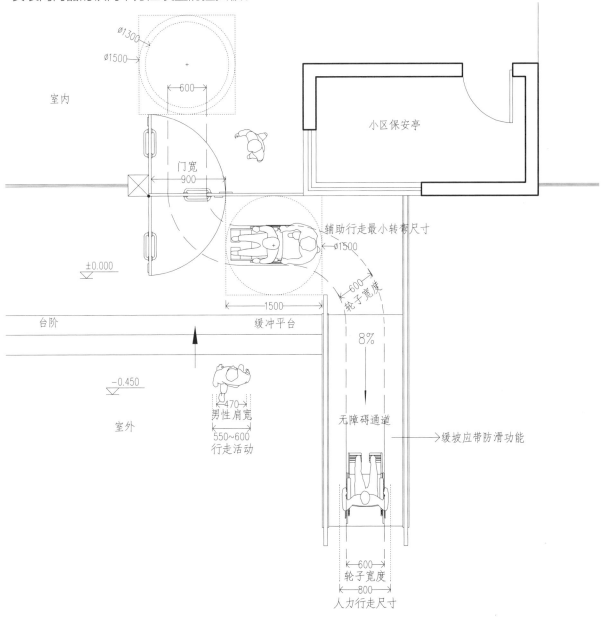

小区入口平面尺寸

11.1.2　坡道

如果小区入口与外道路有高低级差，级差小的应设置缓坡，级差大的应设置无障碍通道。
缓坡应带防滑功能。

（1）直线坡道

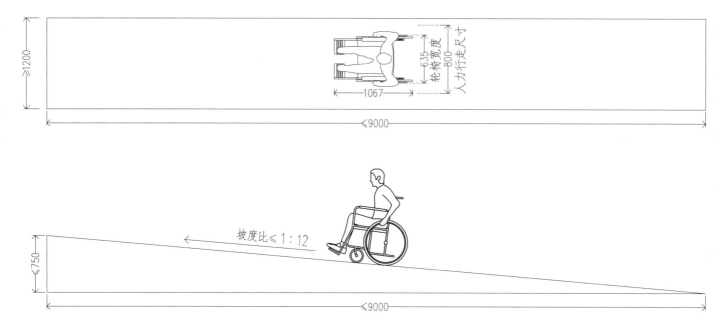

直线坡道尺寸

（2）折返双坡道

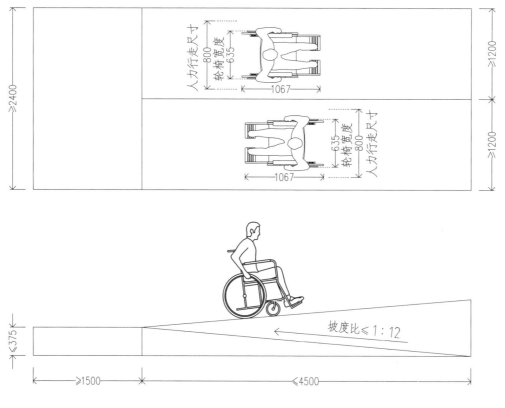

折返双坡道尺寸

（3）L形坡道

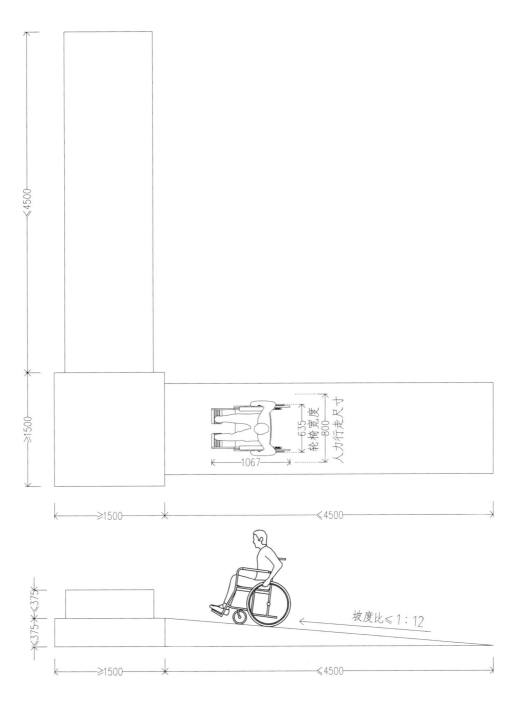

L形坡道尺寸

11.1.3　人行道闸机

（1）闸机类型

入口设闸机的小区应选用全开启式闸机如翼闸、摆闸，不能选用三辊闸。

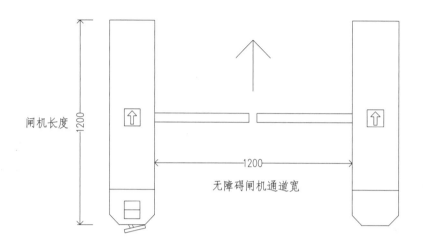

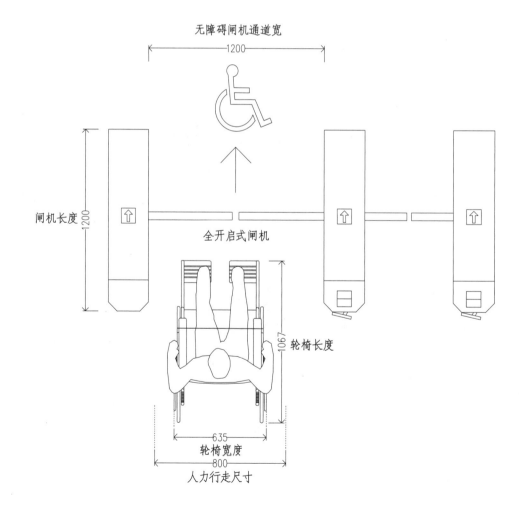

全开启式闸机俯视图

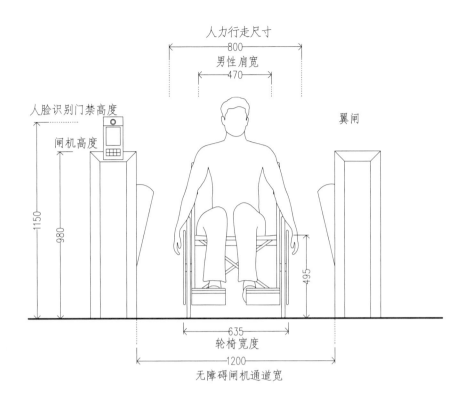

人力行走尺寸
800
男性肩宽
470
翼闸
人脸识别门禁高度
闸机高度
1150
980
495
635
轮椅宽度
1200
无障碍闸机通道宽

全开启式翼闸

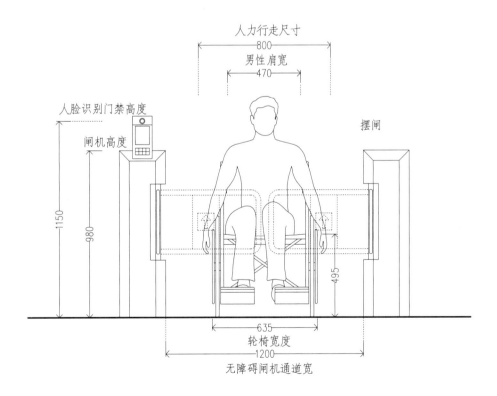

人力行走尺寸
800
男性肩宽
470
摆闸
人脸识别门禁高度
闸机高度
1150
980
495
635
轮椅宽度
1200
无障碍闸机通道宽

全开启式摆闸

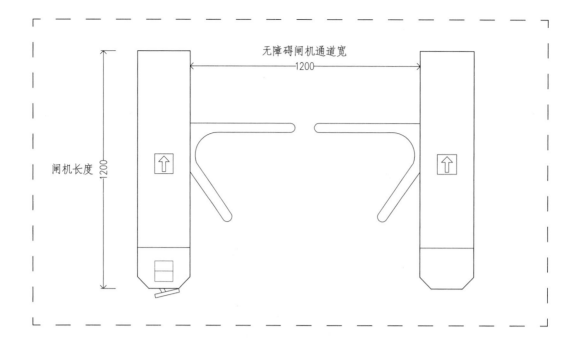

不推荐使用的三辊闸机

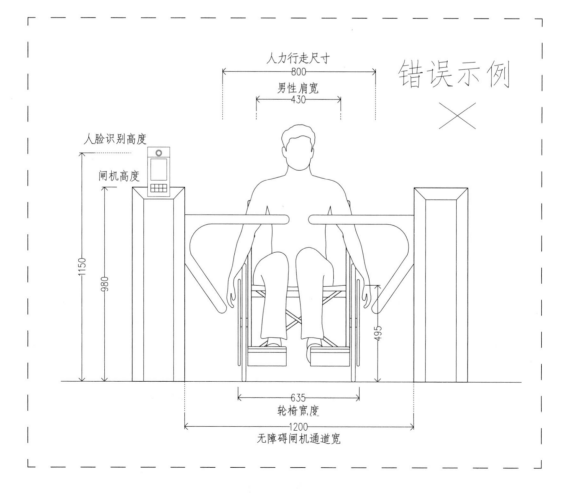

三辊闸机错误示例

（2）无障碍闸机通道宽度

人行通道闸机开启后中间宽度宜为1200 mm，确保轮椅能通过。

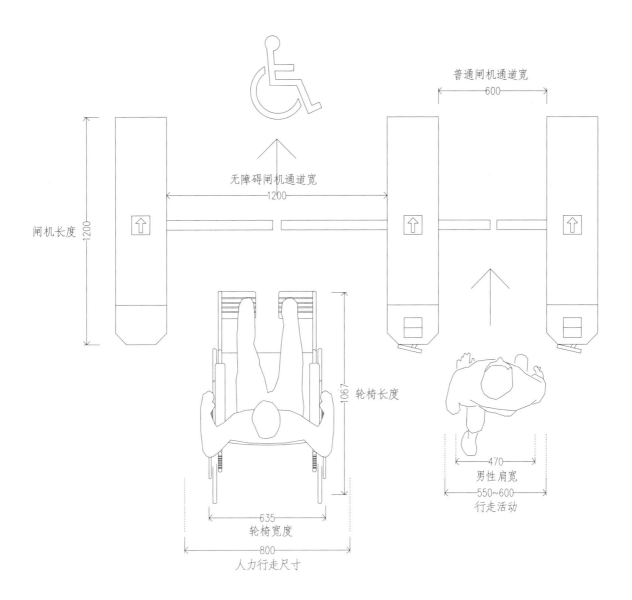

无障碍闸机通道宽度（一）

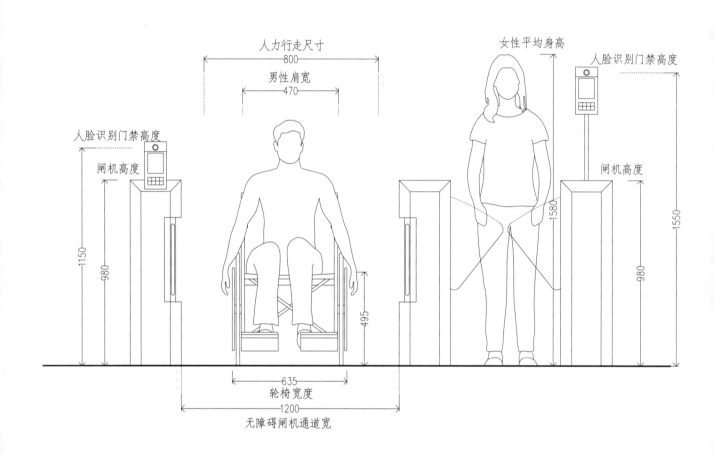

人力行走尺寸
800

男性肩宽
470

人脸识别门禁高度

闸机高度

1150

980

495

女性平均身高

人脸识别门禁高度

闸机高度

1580

980

1550

635
轮椅宽度

1200
无障碍闸机通道宽

无障碍闸机通道宽度（二）

（3）人脸识别系统

若人行通道闸机及铁门带人脸识别开启功能，宜安装上下两个人脸识别门禁，高位设备安装高度为1550 mm，低位设备安装高度为1150 mm（以摄像头中心为基准）。门禁开启按钮应设置在离地1150 mm处。

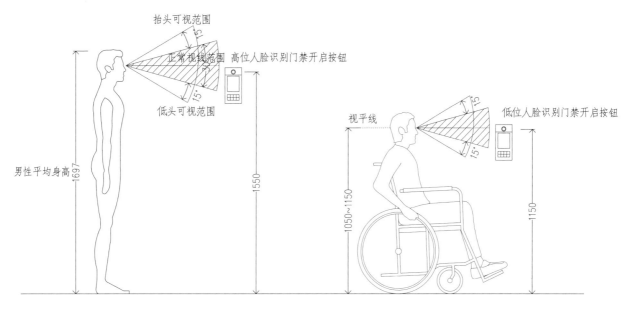

人脸识别高位门禁安装尺寸　　　　　　　人脸识别低位门禁安装尺寸

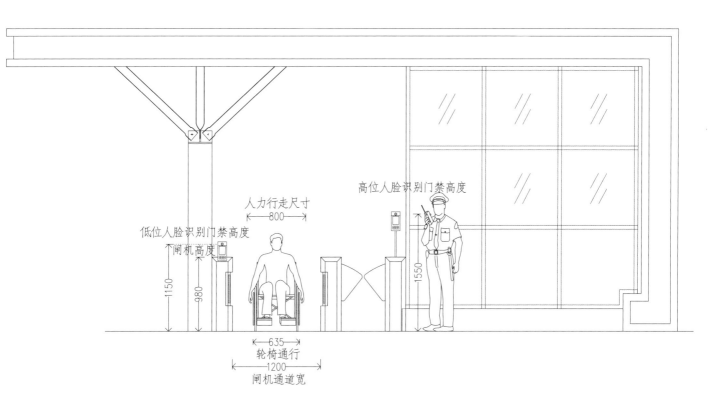

人脸识别系统高度

11.2 小区花园、广场

11.2.1 花园路面

花园通道两边宜设不低于 300 mm 的路牙石

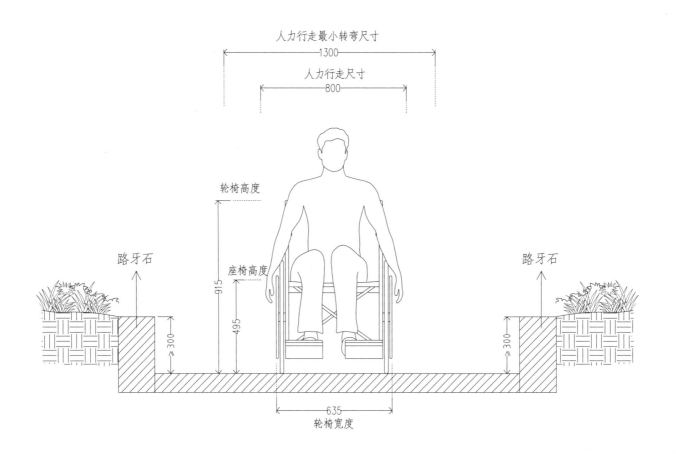

路牙石尺寸

花园通道应平直，不应设置有坡度的斜通道，不应铺贴凹凸不平的鹅卵石，不应留缝隙。

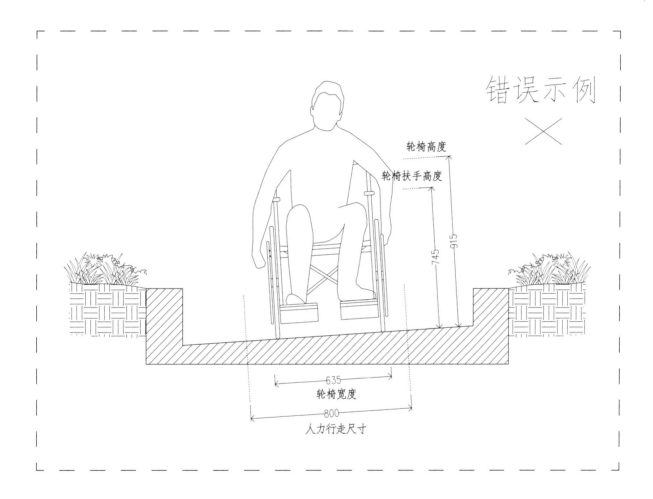

花园斜通道

花园内不应设置汀步通道。

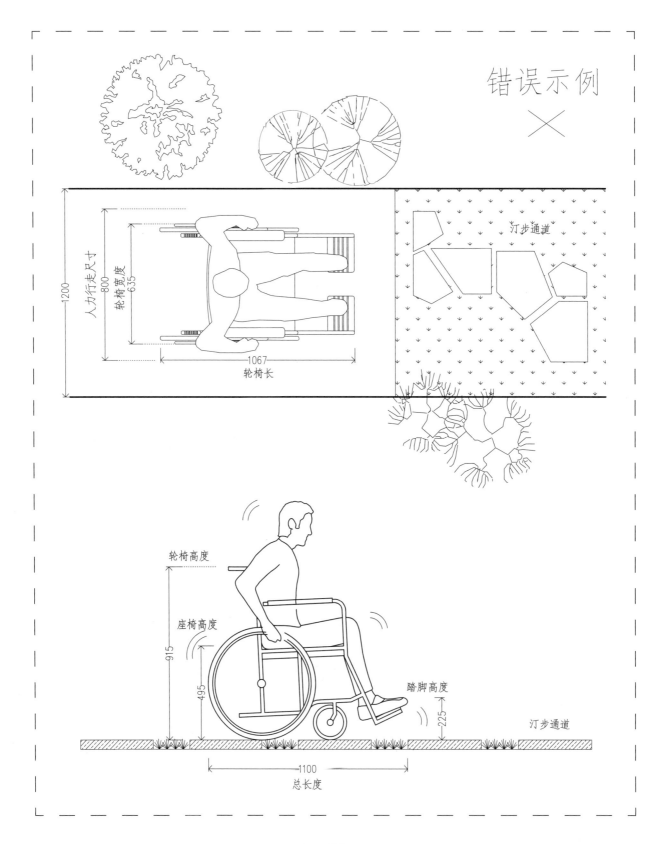

汀步通道错误示例

涉水平台、高低观景台边上应设置防护栏。

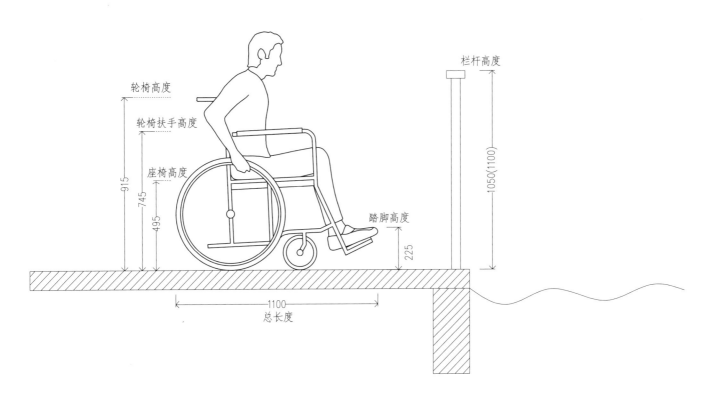

轮椅高度

轮椅扶手高度

座椅高度

915

745

495

踏脚高度

225

1100
总长度

栏杆高度

1050(1100)

防护栏高度

花园中袋形走道的末端应预留轮椅回转空间。

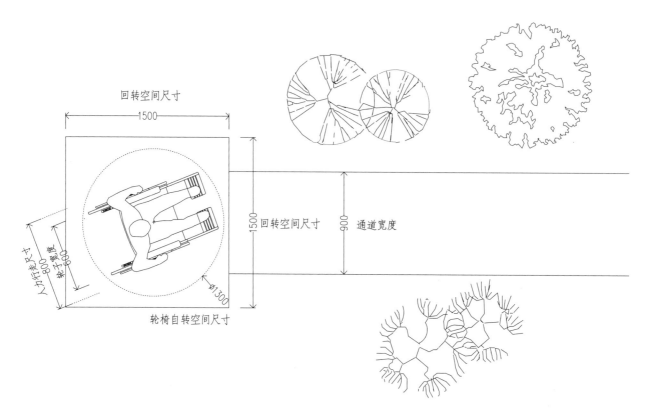

轮椅回转空间尺寸（一）

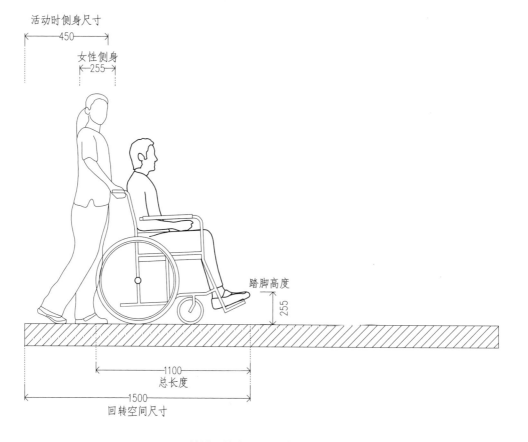

轮椅回转空间尺寸（二）

11.2.2 广场路面

广场路面应平坦，不应设置缝隙及高低坎级。

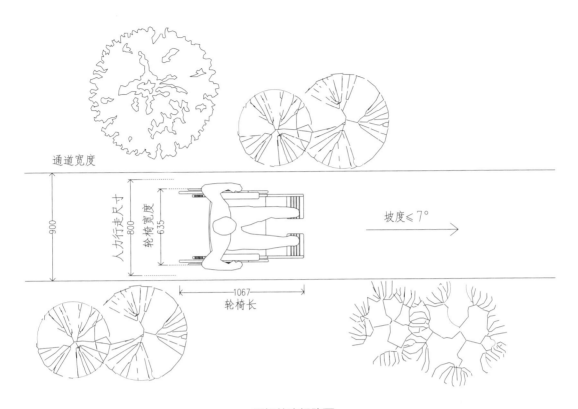

平坦的广场路面

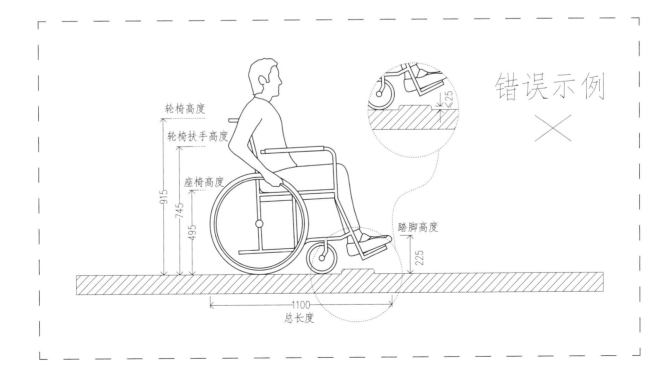

高低坎级设置错误示例

人力行走的通道坡度不应大于5°。

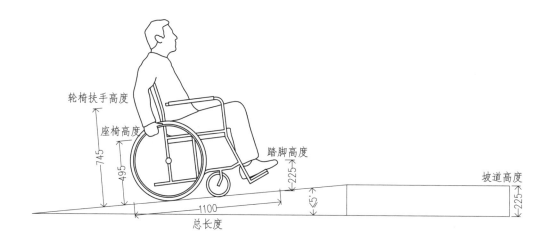

轮椅扶手高度
座椅高度
745
495
踏脚高度
225
1100
总长度
<5°
坡道高度
225

人力行走通道

需辅助行走的坡道要求如下图所示。

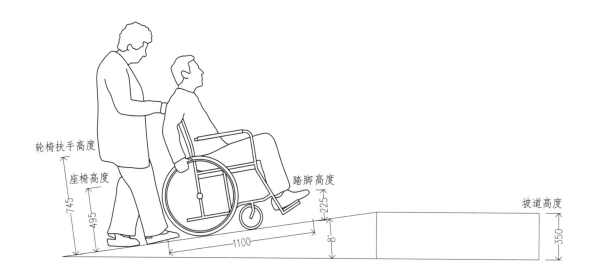

轮椅扶手高度
座椅高度
745
495
踏脚高度
225
1100
8°
坡道高度
350

由老伴或其他人辅助行走的坡道

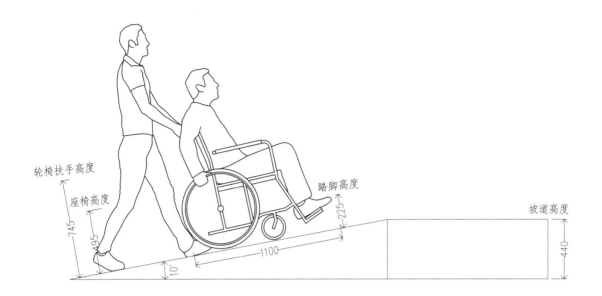

轮椅扶手高度

座椅高度

踏脚高度

坡道高度

745

495

225

10°

1100

440

由护工或其他成人辅助行走的坡道

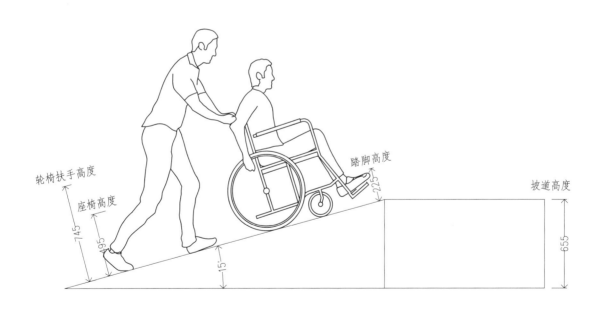

轮椅扶手高度

座椅高度

踏脚高度

坡道高度

745

495

225

15°

655

最大角度坡道

无障碍坡道宽度不应小于1000 mm，供一个轮椅人士与一人侧身通过的宽度不应小于1200 mm，供一个轮椅人士与一人正面通过的宽度不应小于1500 mm，供两个轮椅人士通过的坡度宽度不应小于1800 mm。

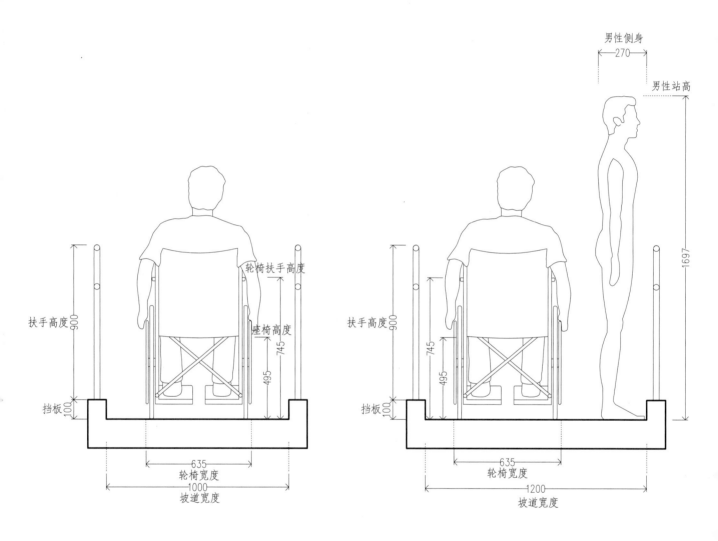

无障碍坡道宽度　　　　　　　　　轮椅人士与行人侧身通过坡道宽度

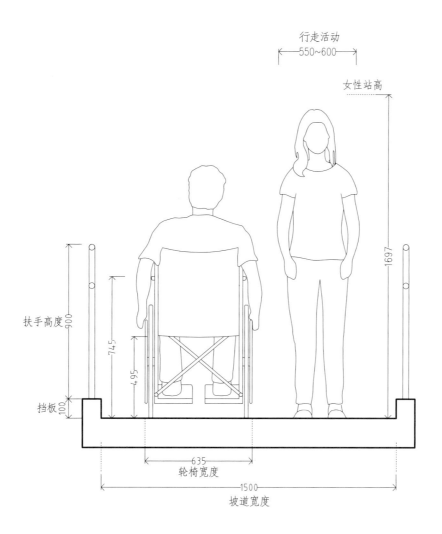

行走活动
550~600

女性站高

1697

扶手高度
900

745

495

挡板
100

635
轮椅宽度

1500
坡道宽度

轮椅人士与行人正面通过坡道宽度

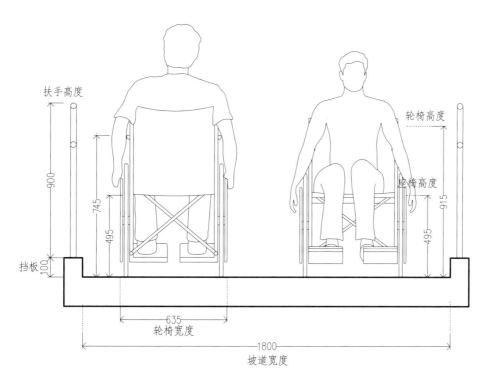

扶手高度

轮椅高度

座椅高度
915

900

745

495

495

挡板
100

635
轮椅宽度

1800
坡道宽度

两轮椅人士共同通过坡道宽度

11.3　入户大堂

11.3.1　入户大堂无障碍设计

若入户大堂与室外有高低级，级差小的应设置缓坡，级差大的应设置无障碍通道。

在门扇开启范围内与缓坡起点处，应预留不小于1500 mm长的缓冲平台。

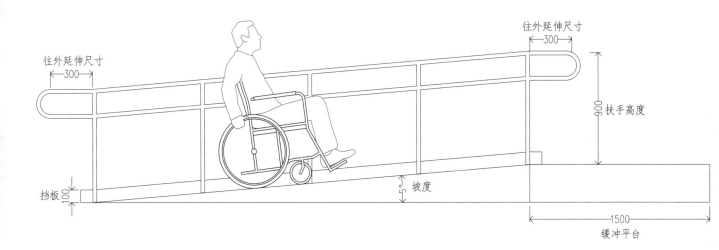

往外延伸尺寸 300

往外延伸尺寸 300

扶手高度 900

挡板 50

坡度

1500 缓冲平台

缓冲平台尺寸

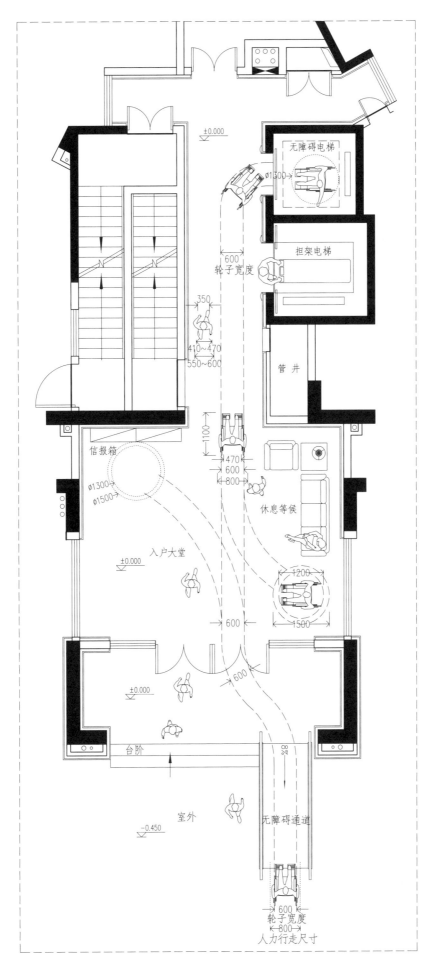

入户大堂平面

11.3.2 门禁设计

大堂门禁开启按钮应设离地1100 mm。

若入户大堂进出大门安装地弹簧或带闭门器，门扇下方应设置防撞挡板。

大堂进入门上宜设横向拉手。

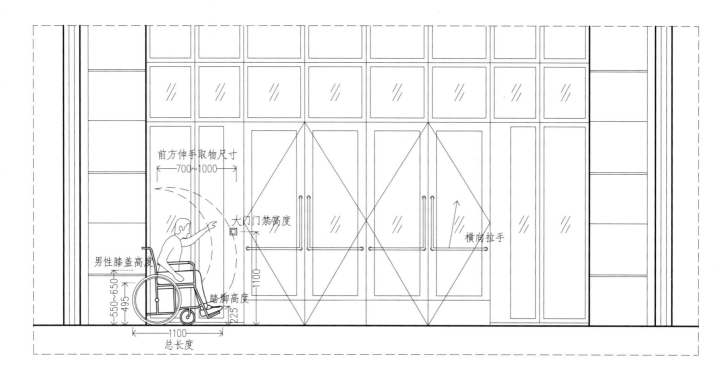

前方伸手取物尺寸
700~1000

大门门禁高度

男性膝盖高度
550~650
495
踏脚高度
225

1100

1100
总长度

横向拉手

大堂大门示意

11.3.3 信报箱设计

信报箱高度不宜超过1500 mm。挂壁式信报箱下方宜预留300 ~ 450 mm的腿部空间。

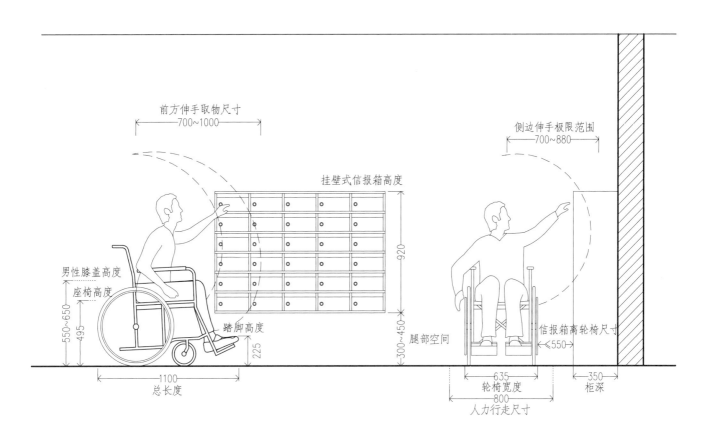

信报箱尺寸

11.4 电梯间

电梯按钮离地1100 mm。

电梯间外面需增加安全扶手。

电梯门的宽度不应小于900 mm。

电梯门距离墙体不应小于1300 mm。

电梯轿厢与电梯间地面不宜出现高低坎级，若出现高低坎级，应设置缓坡。

电梯间应设置低位电梯按钮、到站灯或音响。

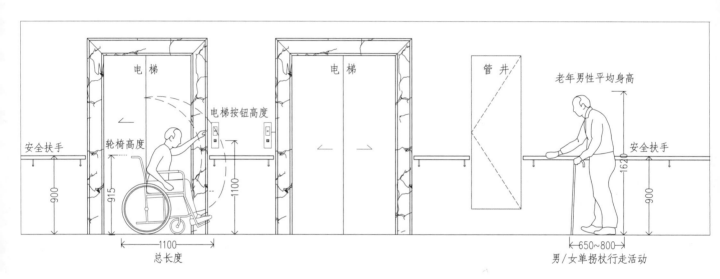

电梯间尺寸指引（一）

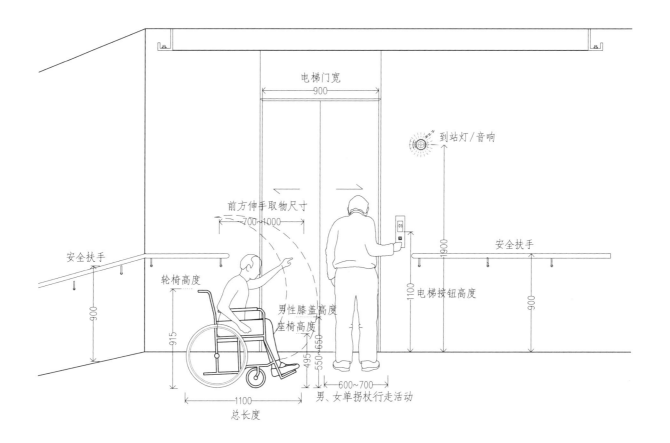

电梯间尺寸指引（二）

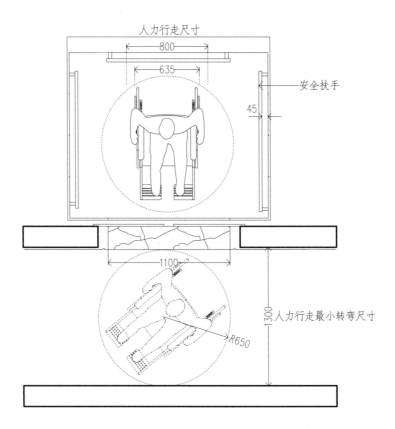

电梯门与墙面的尺寸（一）

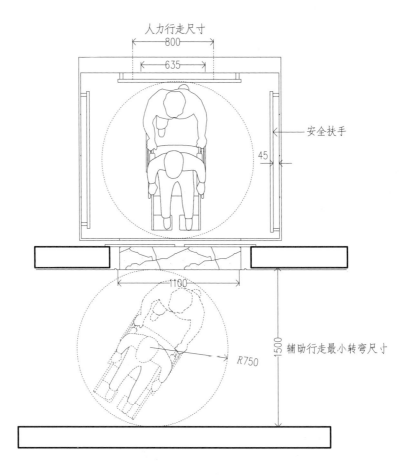

电梯门与墙面的尺寸（二）

11.5　无障碍电梯

电梯应带延迟关闭按钮。

电梯轿厢内楼层按钮应横向设置。

电梯轿厢内应安装扶手，扶手离地高度为900 mm。

电梯轿厢两侧宜设置300 mm高的防撞板。

电梯轿厢正面应安装镜子，以方便轮椅人士无法转弯时查看楼层显示屏。

电梯轿厢内部最小尺寸宜为宽1100 mm，深1400 mm。

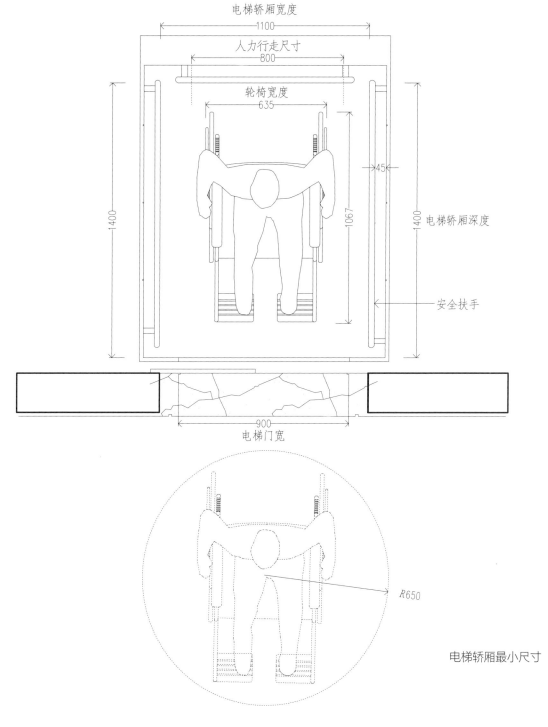

电梯轿厢最小尺寸

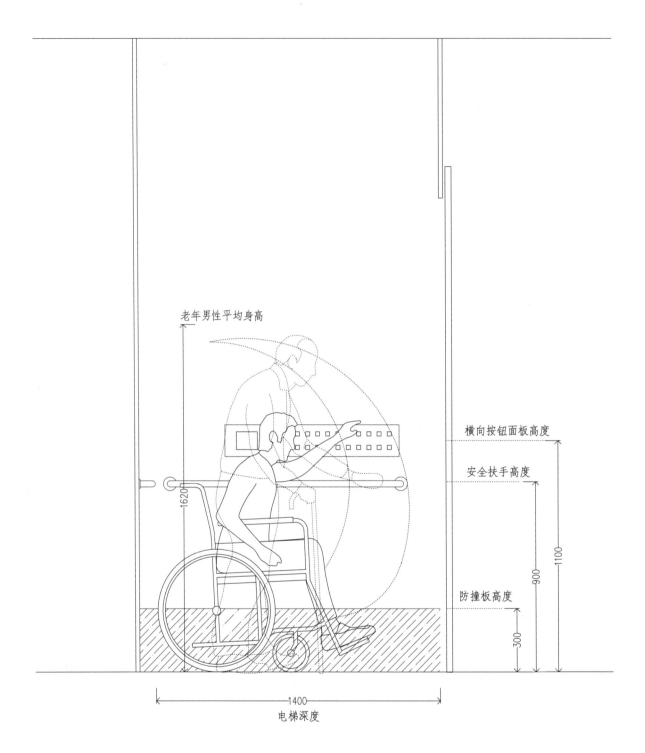

老年男性平均身高

1620

横向按钮面板高度

安全扶手高度

1100

900

防撞板高度

300

1400
电梯深度

电梯内部设计（一）

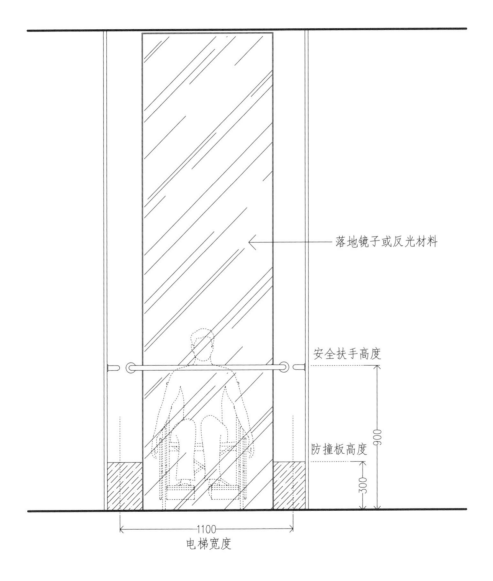

落地镜子或反光材料

安全扶手高度

防撞板高度

900

300

1100
电梯宽度

电梯内部设计（二）

11.6 楼层通道

楼层通道宜设扶手，扶手离地高度为900 mm。

室外楼层通道地面应铺贴防滑地砖。

11.7 入户门厅

若入户门外开，应预留门扇开启面积，门宽不应小于900 mm。

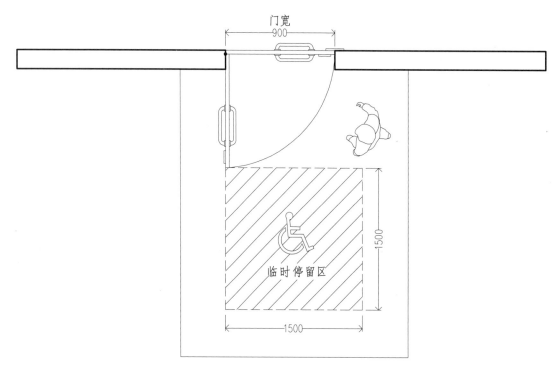

入户门厅尺寸预留（正位）

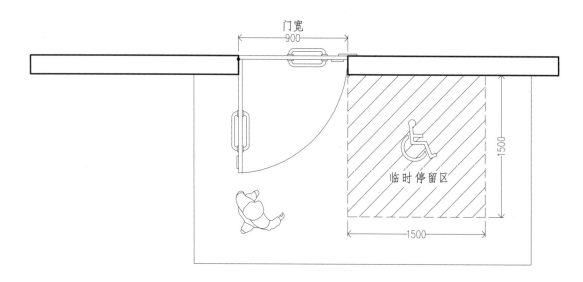

入户门厅尺寸预留（侧位）

自动门开启按钮安装应根据门开启所需空间设置，避免门开启时与轮椅碰撞。

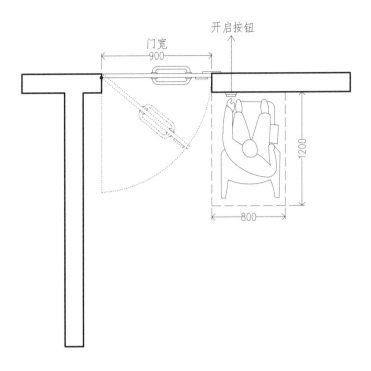

自动平开门的尺寸预留（开启按钮在正面）

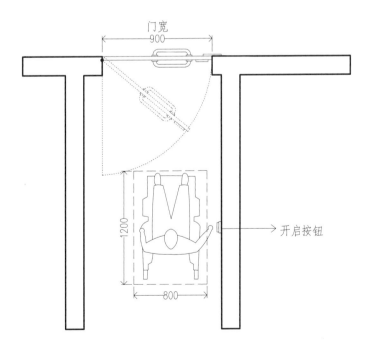

自动平开门的尺寸预留（开启按钮在侧面）

入户门旁应根据对应的情况预留一定的尺寸，方便轮椅障碍人士进出。

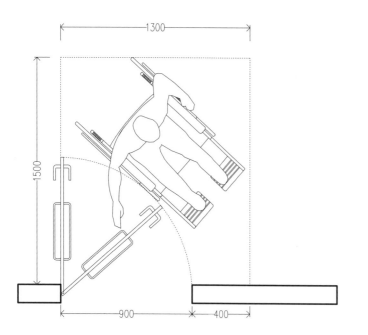

门口预留一定的尺寸，以便于轮椅障碍人士接近并打开门

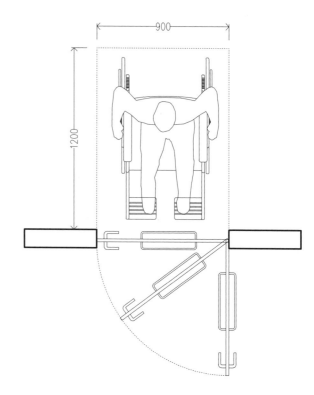

若门上没有闭合器，直接前进可推开门，门旁不需预留尺寸

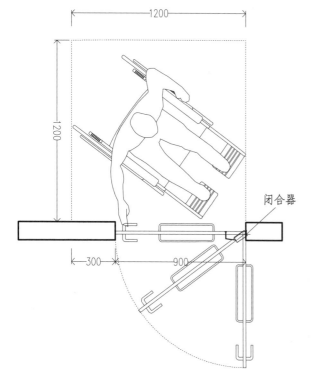

若门上有闭合器，门旁需预留推门尺寸

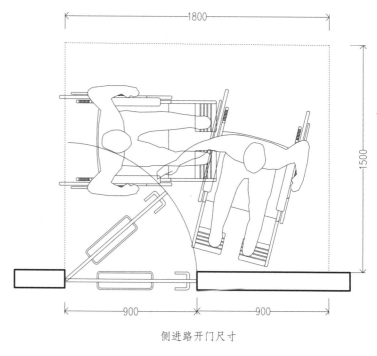

侧进路开门尺寸

不同情形的入户门预留尺寸

11.8 无障碍卫生间

公共卫生间坐便区域宜预留护理帮扶位置。

无障碍厕位应方便乘轮椅者到达和进出，尺寸宜做到2100 mm×2100 mm。

无障碍厕位的门宜向外开启，若向内开启，则需在开启后的厕位内留有直径不小于1500 mm 的轮椅回转空间。

洗手台中心距离侧墙不应小于550 mm。

无障碍卫生间里的镜子应设置向下倾斜10°的夹角。

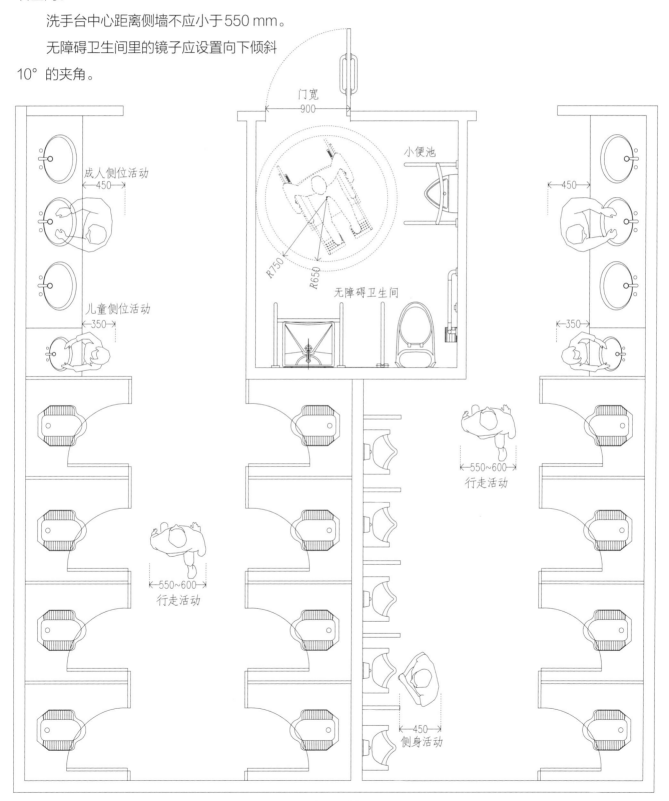

公共无障碍卫生间平面图

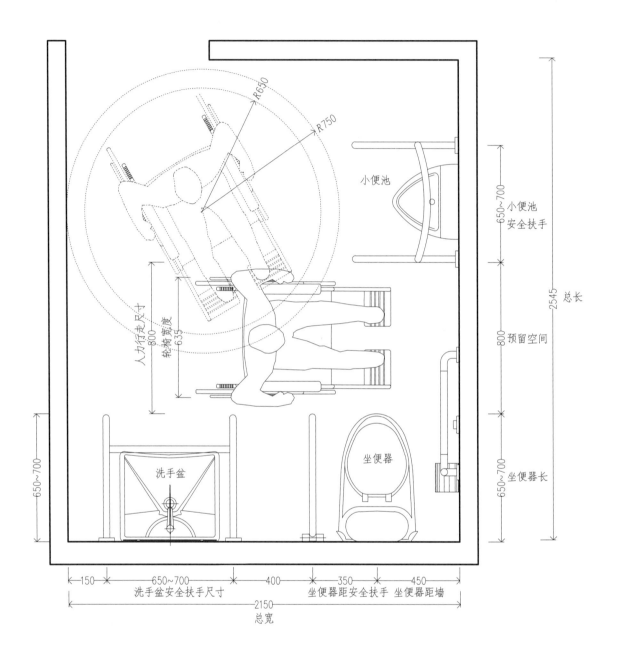

R650

R750

小便池

2545 总长

小便池安全扶手 650~700

预留空间 800

坐便器长 650~700

人力行走尺寸 800

轮椅宽度 635

洗手盆

坐便器

650~700

150　650~700　400　350　450

洗手盆安全扶手尺寸　坐便器距安全扶手　坐便器距墙

2150 总宽

公共无障碍卫生间尺寸

11.9 小区物业管理处

11.9.1 门

物业管理处的门应设置门铃，门铃距地面高度宜为1100 mm。

地面与门交界处不应出现高低坎级。

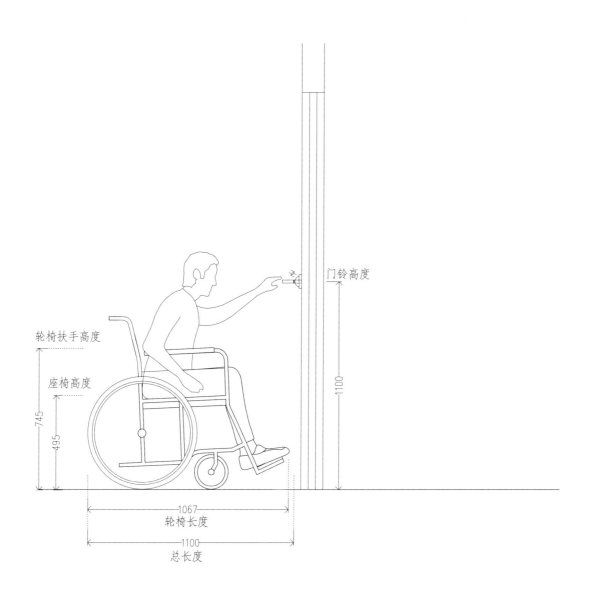

门铃高度

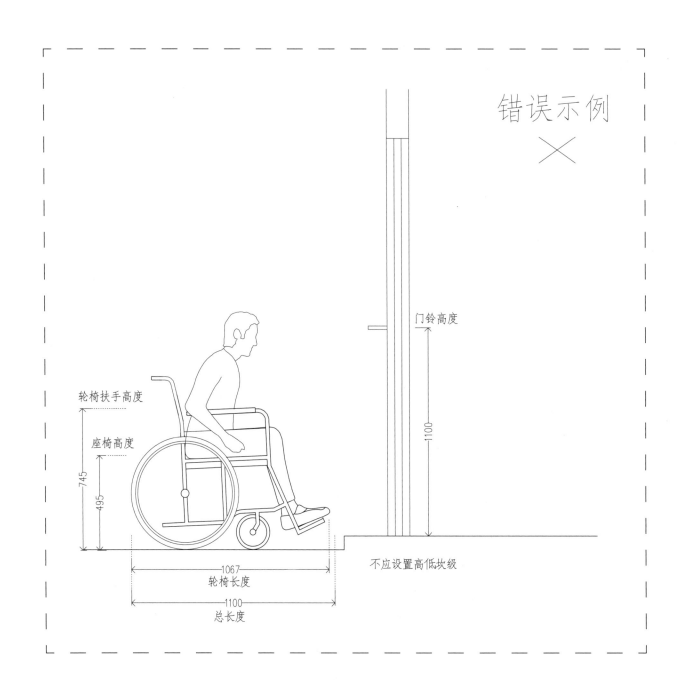

错误示例

✕

轮椅扶手高度

座椅高度

门铃高度

1100

745

495

1067
轮椅长度

1100
总长度

不应设置高低坎级

高低坎级设置错误示例

11.9.2　无障碍接待柜台

小区物业管理处应设置无障碍接待柜台，柜台下部宜留出宽750 mm、高650 mm、深450 mm的供轮椅使用者膝部和足尖部活动的空间。

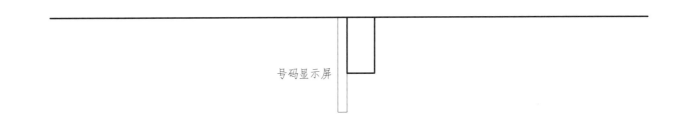

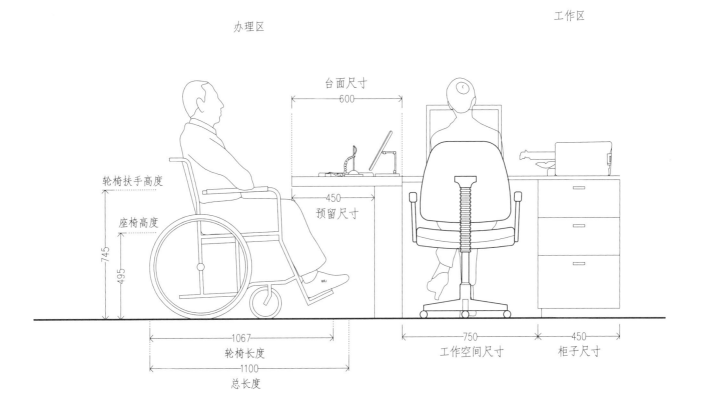

接待处设计

无障碍签字台常见为侧面无障碍签字台和正面无障碍签字台。

侧面无障碍签字台：轮椅不需正对签字台，可在侧面直接签字。

正面无障碍签字台：轮椅需正对签字台，里面需预留放置轮椅的空间。

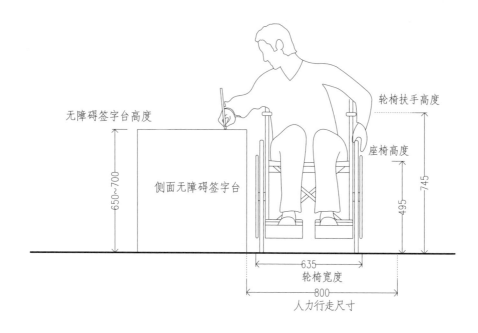

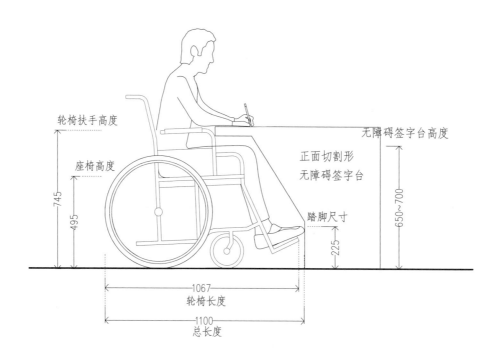

侧面、正面无障碍签字台

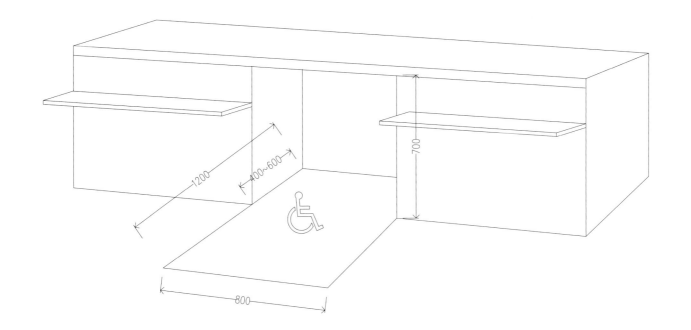

无障碍签字台尺寸（一）

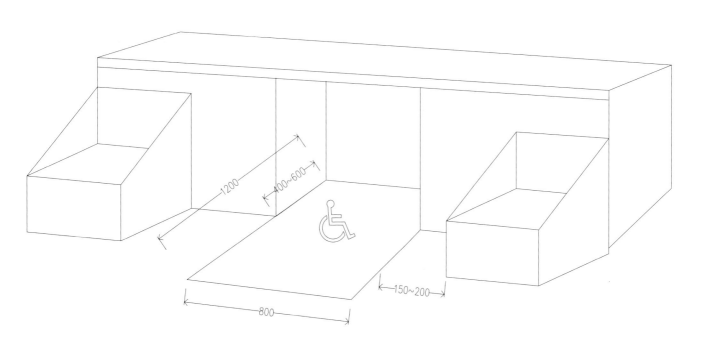

无障碍签字台尺寸（二）

11.9.3 窗口

物业管理处还可以设计低窗口及低台面以方便轮椅人士使用，窗口距地面750 mm。

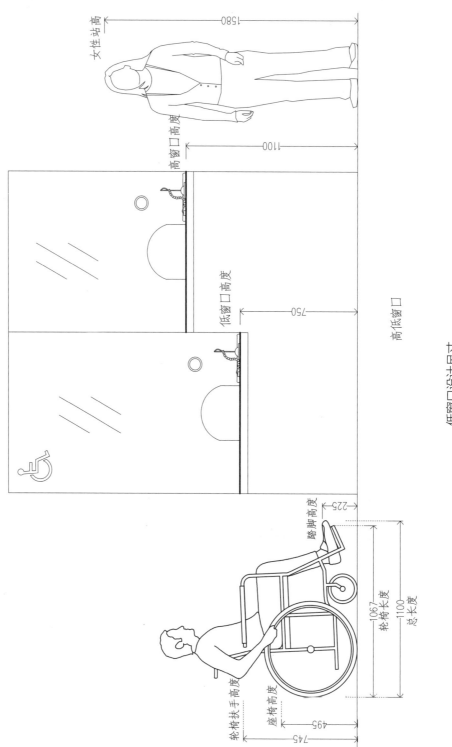

低窗口设计尺寸

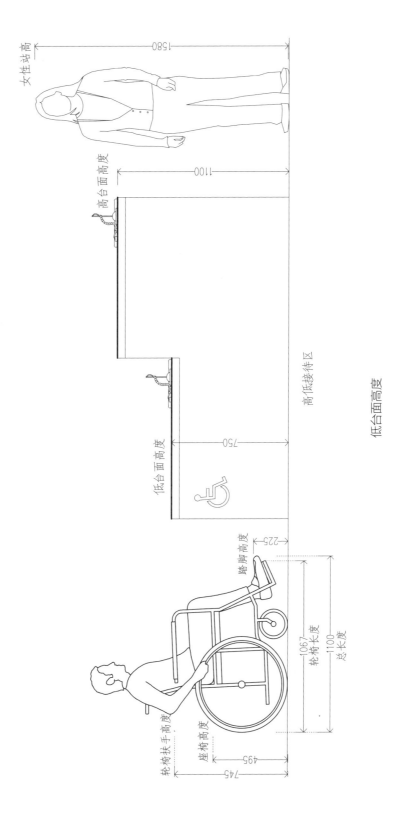

女性站高

1580

高台面高度

1100

低台面高度

750

高低接待区

低台面高度

踏脚高度

225

1067 轮椅长度

1100 总长度

轮椅扶手高度

座椅高度

495

745

11.9.4 电子自动办理机、传单柜

社区电子自动办理机、传单柜不应高于1500 mm。

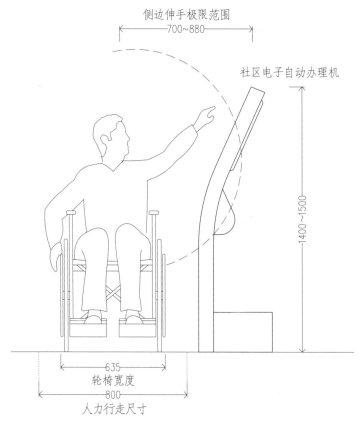

社区电子自动办理机高度

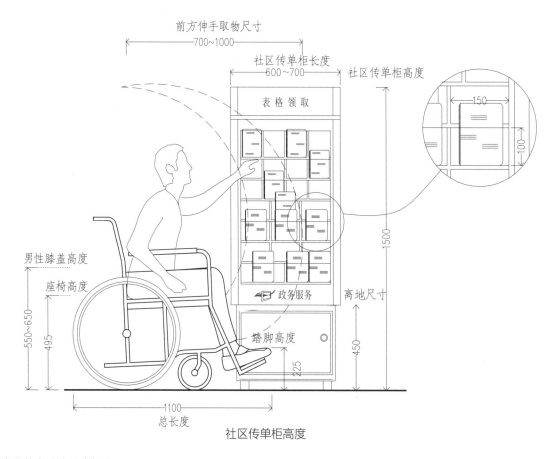

社区传单柜高度

11.9.5　等候区

入户大堂应设不少于两人座位的临时休息椅子，座椅边上宜增加抓杆。

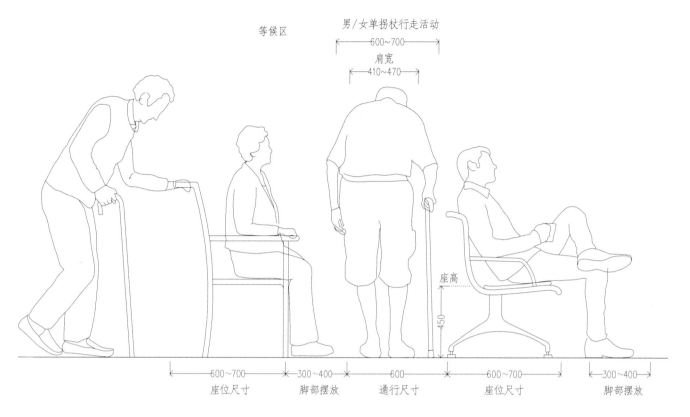

等候区座椅尺寸

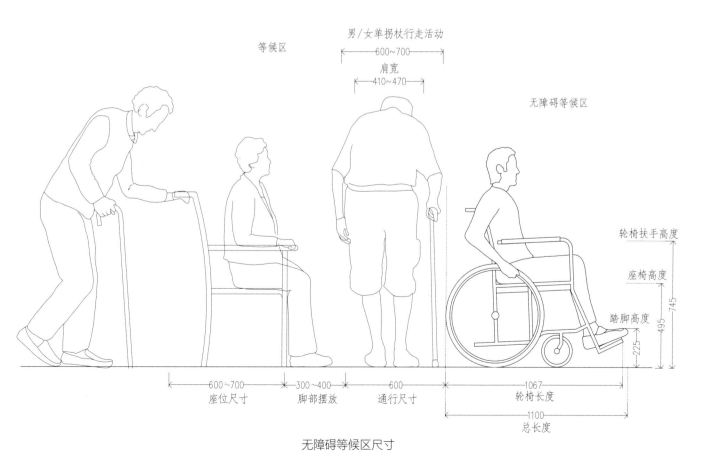

无障碍等候区尺寸

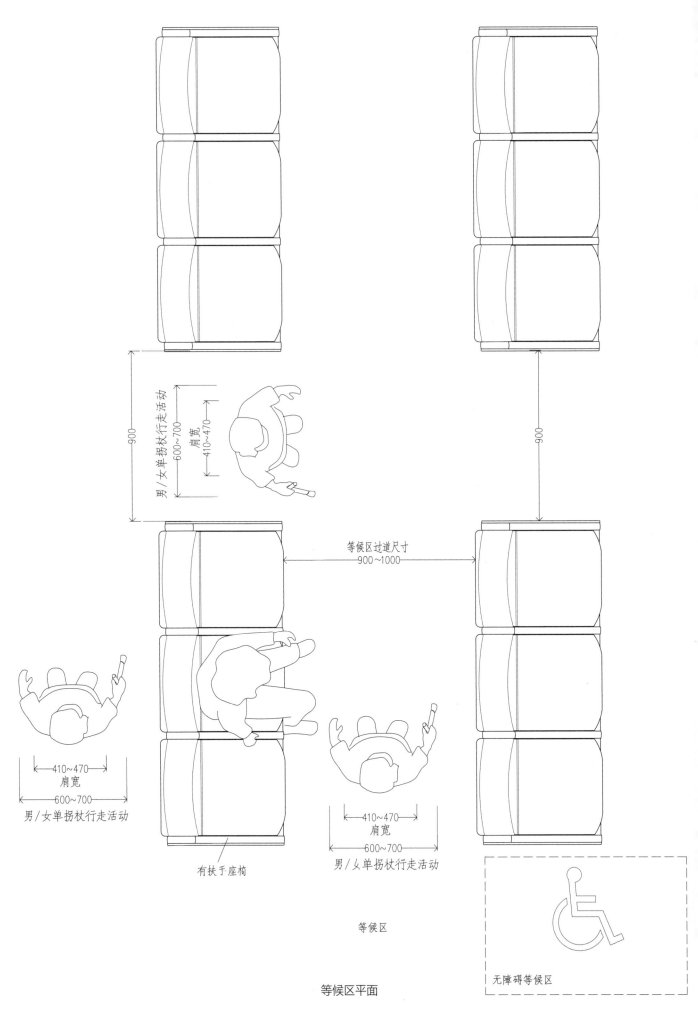

等候区平面

等候区

男/女单拐杖行走活动

肩宽
410~470

600~700

900

等候区过道尺寸
900~1000

900

有扶手座椅

410~470
肩宽

600~700

男/女单拐杖行走活动

410~470
肩宽

600~700

男/女单拐杖行走活动

无障碍等候区

11.9.6　置物柜

物业管理处应设置不高于1500 mm的置物柜，方便轮椅人士或老年人存取物品。

超过15 kg的大件物品应摆放在地上。

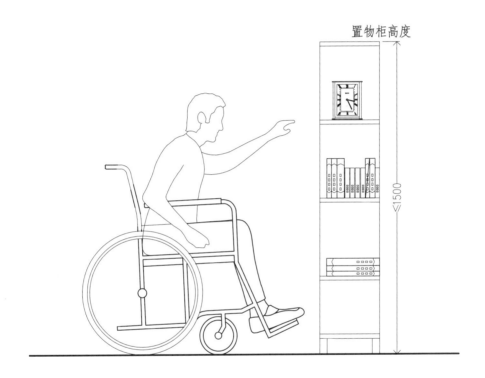

置物柜高度

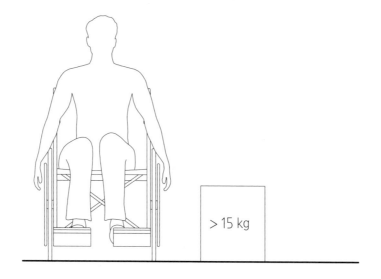

重物摆放示意

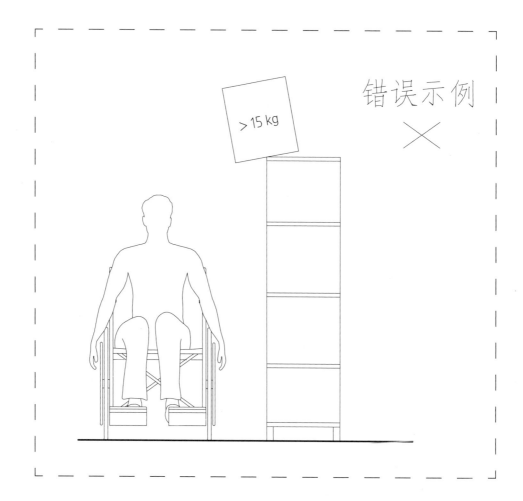

重物摆放错误示例

第四部分

智能AI语音控制

远程APP控制

连线开关按钮控制

遥控器控制

 智能洗衣机

 安全监控摄像头

 厨房燃气泄漏监测器

 烟雾火灾监测传感器

 门窗雨水监测器

 给水系统传感器

 智能照明

空调暖通系统

适老住宅
智能化系统

12 智能化设备种类与控制

智能系统指房屋内电器开启、关闭，各设备实时状态可语音播报，老年人可以像收听收音机一样收听各设备的运行状况。

12.1 智能化开启

智能化开启指家中电视机、电话外呼、灯光照明、窗帘开关、电热水器、直饮水机、新风排气、空调暖气等智能化设备系统，除通过中央智能化控制外，还可通过语音控制、手机APP远程控制、中央触屏控制、单独按钮控制及遥控器等控制。

为兼顾不同类别的老年人，智能化家居电器应能采用多设备开启方式，不能只采用单一的开启方式。

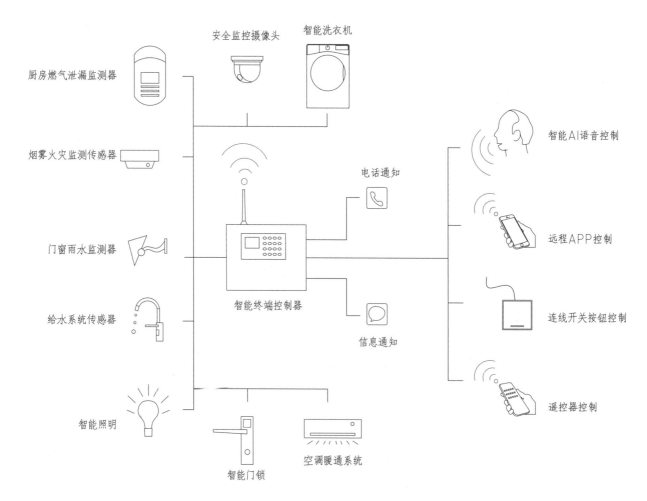

安全监控摄像头　智能洗衣机

厨房燃气泄漏监测器

烟雾火灾监测传感器

门窗雨水监测器

给水系统传感器

电话通知

智能终端控制器

信息通知

智能AI语音控制

远程APP控制

连线开关按钮控制

遥控器控制

智能照明

智能门锁

空调暖通系统

智能化终端可关联设备

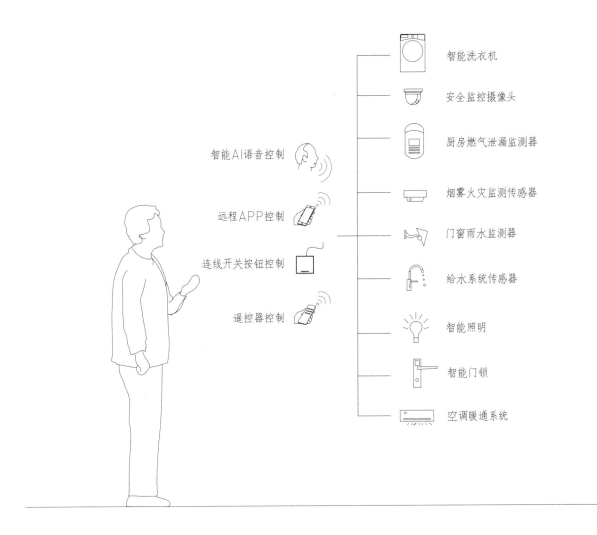

智能AI语音控制

远程APP控制

连线开关按钮控制

遥控器控制

智能洗衣机

安全监控摄像头

厨房燃气泄漏监测器

烟雾火灾监测传感器

门窗雨水监测器

给水系统传感器

智能照明

智能门锁

空调暖通系统

智能家居设备应可通过多种方式开启控制

老年人操作智能设备方式

12.2 传感器监测

厨房火灾烟雾报警器、燃气泄漏监测器可通过APP连接监护人手机，在发出提醒的同时还将自动关闭燃气阀门。

厨房或卫生间给水系统传感器可提示水龙头未关闭。

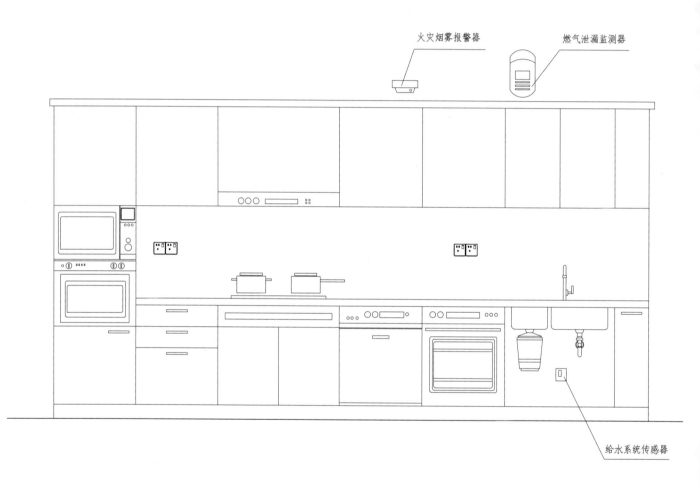

火灾烟雾报警器　　　燃气泄漏监测器

给水系统传感器

厨房内传感器

门、窗传感器可实时报告门窗开启、关闭状态，以语音播报提醒老年人关闭门窗。

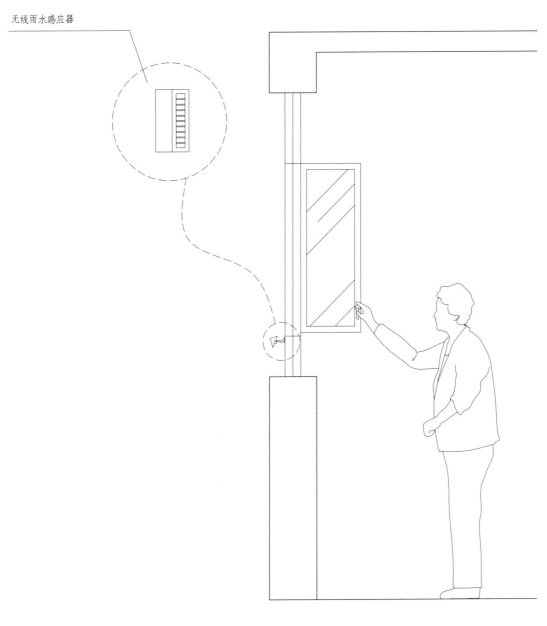

门、窗传感器

夜灯照明传感器可实现灯随人走，控制开关。

应配备温感传感器。老年人对温度的敏感性比较差，智能家居应将空调、暖气设置为恒温模式。

12.3　摄像监控设备

家中应安装摄像监控设备，监护人可与老年人实时视频对话，随时了解老年人的日常作息情况。

如果老年人摔倒或在活动区域长时间不走动，安全防控系统将自动启动语音呼唤功能，问询老年人是否需要帮助，同时通过APP自动推送摄像头录制的画面给监护人。

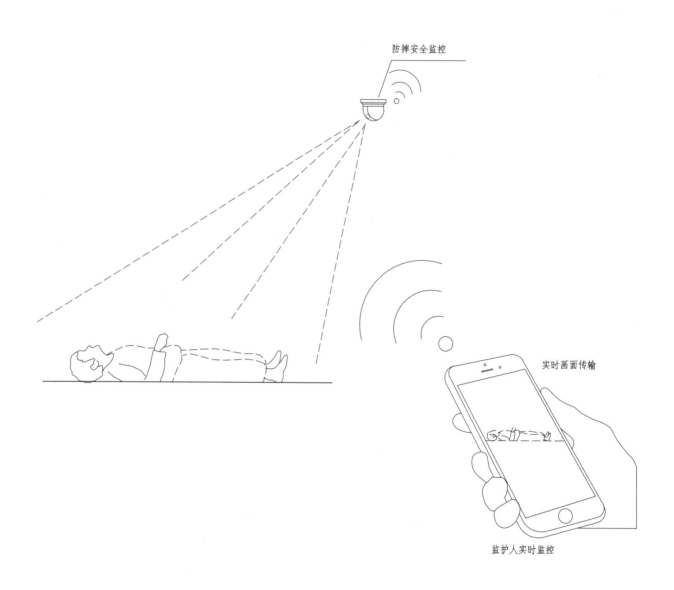

老年人摔倒后监控设备推送画面给监护人

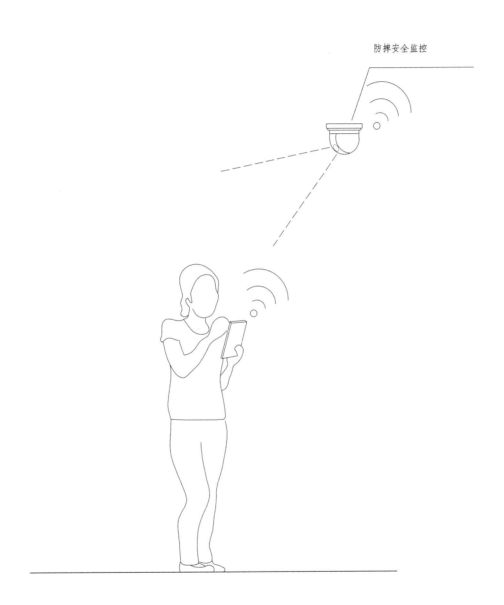

防摔安全监控

监护人远程监控智能设备

12.4　应急呼叫器

适老化住宅应在卫生间、卧室床头边上应设置应急呼叫装置（具体安装位置详见各空间尺寸指引图），或让老年人随时携带应急呼叫器。应急呼叫设备应连接监护人手机APP、社区服务中心。

老年人应急呼叫器（挂脖子上）

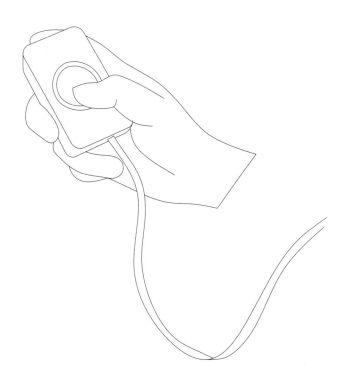

应随身携带的应急呼叫器

12.5 其他智能化设计

（1）照明设备

适老化住宅不能设计无主灯方案，各空间应设置主灯，开关控制应为"一键开启、灯具全亮"模式。

主灯宜带延迟闭灯模式，避免老年人关灯后出现摸黑上床的情况。

玄关照明宜设计感应开关，老年人晚上回家无须通过按钮开灯，通过红外感应即可开启灯具，避免老年人摸黑找灯具开关按钮的情况。

（2）智能门锁

家中安装智能门锁，若老年人忘记带钥匙，可通过手机APP开启大门，或电话通知监护人开启。智能门锁的监控系统还可记录老年人外出及回家的时间。

物联网智能门锁　　　　　　监护人可以随时查看老年人进出门时间

智能门锁

（3）洗衣机提醒方式

洗衣机清洗完衣物后，除设备自带的发声提示外，还可通过物联网推送信息到使用者手机，提醒衣物清洗完毕，特别适用于听力障碍老年人及健忘老年人。

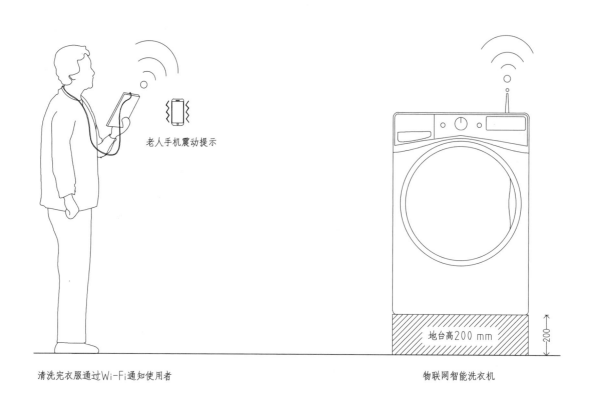

老人手机震动提示

地台高200 mm

清洗完衣服通过Wi-Fi通知使用者　　　　　　　　物联网智能洗衣机

洗衣机提醒方式

12.6　电源

适老化智能家居设备终端处理器应有专线连接不间断电源，有条件的还应带UPS电源，保证Wi-Fi不能停止及中断，并需专业人士定期测试、维护，保障老年人安全。